秸秆综合利用的
农户决策行为研究
——以江苏省为例

Research on Rural Householders' Behavioral
on Straw Comprehensive Utilization in Jiangsu Province

王舒娟 著

经济管理出版社
ECONOMY & MANAGEMENT PUBLISHING HOUSE

图书在版编目（CIP）数据

秸秆综合利用的农户决策行为研究：以江苏省为例/王舒娟著.—北京：经济管理出版社，2017.11

ISBN 978 - 7 - 5096 - 5520 - 7

Ⅰ.①秸… Ⅱ.①王… Ⅲ.①秸秆—综合利用—研究—江苏 Ⅳ.①S38

中国版本图书馆 CIP 数据核字（2017）第 297614 号

组稿编辑：陆雅丽
责任编辑：陆雅丽
责任印制：黄章平
责任校对：赵天宇

出版发行：经济管理出版社
　　　　　（北京市海淀区北蜂窝 8 号中雅大厦 A 座 11 层　100038）
网　　　址：www. E - mp. com. cn
电　　　话：(010) 51915602
印　　　刷：北京九州迅驰传媒文化有限公司
经　　　销：新华书店
开　　　本：720mm × 1000mm/16
印　　　张：12. 25
字　　　数：178 千字
版　　　次：2018 年 1 月第 1 版　2018 年 1 月第 1 次印刷
书　　　号：ISBN 978 - 7 - 5096 - 5520 - 7
定　　　价：68. 00 元

本书由南京财经大学学术著作出版基金资助。

另获得：

江苏高校哲学社会科学研究项目（2016SJB790010）、

服务国家特殊需求博士人才培养项目开放课题（BSXJ201508）、

粮食公益性行业科研专项（201513004）、

国家自然科学基金面上项目（71673127）、

国家自然科学基金青年项目（71403114）、

江苏省软科学研究计划项目（BR2017055）青蓝工程、

江苏高校优势学科建设工程、

南京财经大学粮食安全与战略研究中心、

现代粮食流通与安全协同创新中心资助。

前　言

　　我国的农业是大国农业，农业资源要素短缺是我国农业的基本特征之一，这决定了现阶段在由传统农业向现代农业转变的过程中，必须有效利用资源要素，一方面集约节约利用资源，另一方面积极推进农业节能减排。通过发展农业循环经济实现农业生产资料的减量化、再利用和资源化，降低农业资源消耗，提高资源利用效率。

　　农作物秸秆作为重要的生物质能源之一，犹如硬币，具有两面性：将其废弃焚烧，会造成严重的环境污染，威胁居民的生命财产安全；对其加以利用，则可实现农业生产系统中的物质高效转化和能量高效循环，是发展循环经济、低碳经济的重要途径。因此，秸秆是"用则利，弃则废"的生物质资源，秸秆的综合利用也因此成为国家可再生资源综合利用战略的重要延伸。

　　政府和各界学者对秸秆问题的关注由来已久。治理秸秆问题的初期，政府工作重点为"以堵为主"的秸秆禁烧，目的在于防止秸秆焚烧污染，保护生态环境，保障人体健康，维护公共安全。随后在全国各地禁烧工作的实际开展中，人们逐步意识到"以堵为主"的秸秆禁烧无法从根本上解决秸秆问题，秸秆问题不仅仅是环境污染问题，更是资源浪费问题，秸秆禁烧工作应当由"以堵为主"转变为"疏堵结合"，为秸秆的综合利用谋到出路才是根本的解决办法。由此，秸秆的综合利用被提升至农业节能减排、资源有效利用、发展循环经济的高度。国家此后相继出台了多项有关秸秆综合利用的政策。秸秆污染的治理和综合利用工作虽取得了一定进展，但仍存在一些问题：如露天焚烧秸秆的现象仍然难以杜绝，秸秆商品化程度低，秸秆产业化水平低等。

在秸秆综合利用的进程中，农户是重要的行为主体之一，秸秆资源化、商品化能否实现，是以农户收集利用秸秆为前提。然而现有的关于秸秆的研究，主要侧重于对我国秸秆资源量的测算；对秸秆各种利用技术的研究；对各种利用技术的经济、社会、生态效益的评价；对秸秆综合利用现状、问题的描述及对策建议；另外虽有少量基于行为经济学理论的农户意愿及行为的研究，也主要是在政府禁烧秸秆的背景下，针对农户秸秆焚烧的意愿和行为的研究，而对农户综合利用秸秆的行为决策研究极少。

事实上，政府禁止农户露天焚烧秸秆，并鼓励秸秆的综合利用，但各地废弃焚烧秸秆的现象仍普遍存在；实地调查也发现，江苏省农户对秸秆的利用非常有限，多停留在传统、初级的利用方式上，如作为直接生活燃料，这显然不利于秸秆产业化的长足发展。因此，本书以发展循环经济为出发点，通过对秸秆综合利用中的农户意愿和行为决策的研究，为加快秸秆综合利用，实现秸秆资源化、商品化，以及农民增收的政策制定提供依据。

全书共分8章。第1章是导论。提出所要研究的问题及意义，阐明研究目标、假说及内容，说明文章各研究内容所涉及的数据来源，描绘技术路线图，指出本书可能的创新和不足。第2章是文献综述。主要对秸秆资源量的测算、秸秆废弃焚烧的危害、秸秆综合利用实践、农户行为、秸秆综合利用中的问题及相关对策建议等几个方面进行简要回顾，对现有研究文献进行总结，并在此基础上提出对本研究的启示。第3章是理论基础与研究方法。在对农业循环经济理论、农户行为理论、公共物品及外部性理论等进行简要梳理的基础上，对本研究的相关概念进行界定，进行计量分析方法的讨论，并对数据来源做进一步说明。第4章是秸秆综合利用的政策环境及资源量测算。在总结全国及江苏省秸秆禁烧及综合利用主要政策的基础上，测算江苏省秸秆资源总量及各地区不同农作物秸秆产量，然后描述江苏省秸秆资源综合利用的状况，总结所存在的问题并初步分析原因。第5章是秸秆综合利用农户行为的成本收益分析。通过实地调研，具体测算江苏省不同地区不同秸秆利用方式下农户行为的成本收益，有助于理解农户秸秆综合利用的行为。第6章是江苏省农户秸秆还田的实证分析。采用 Matching 方法分析农户秸秆还田对作物产量的影响；并基于 COX 比例风险模型，将农户的家庭特征、客观支付能力、对秸秆利用的认知、政府相关政策、当地秸秆产业发展水平、机械化水平以及地区经济发展程度等因素作为变量，实证分析江苏省农户秸秆还田的支付意愿，测算农户的支付意愿值，为政府财政补贴的政策制定提供了依据。第7章是江苏省农户秸秆出售的实证分析。总结描述江苏省不同地区农户对于秸秆处置的认知、意愿及行为；实证分析农户秸秆出售决策的影响因素；并基于农户秸秆出售意愿与行为差异的角度，探讨阻碍农户出售秸秆的现实因素。第8章是全书总结与政策建议。对全书进行系统性总结，分析本研究对于促进中国秸秆综合利用，实现秸秆资源化、商品化的现实意义，提出相关的政策建议和进一步研究的方向。

目　录

图表目录

第1章 导 论

1.1 问题的提出与研究意义

在由"自然资源→粗放生产→消费消耗→大量废弃→末端治理"所构成的单向流动的传统农业经济模式中，人们大量开采自然资源，随后排放出大量的污染物和废弃物，对资源的利用是粗放的，并常常是一次性的。目前，随着农业机械化生产的发展，石油燃料成为农业生产的重要生产要素之一，随之带来的是气候变化、环境污染等问题；农业生产过程中过度依赖化肥、农药，导致土壤质量下降、农产品农药残留，引发食品安全问题；农作物收获后剩余的秸秆被大量地废弃焚烧，养殖业的迅猛发展产生的大量禽畜粪便处理不当，不仅造成资源的浪费，而且带来了严重的环境污染。这种传统的农业经济模式显然具有高开采、低利用、高排放的特点，与实现农村经济的可持续发展背道而驰。

早在 19 世纪 90 年代，西方发达国家就提出了"实现经济活动生态化"的循环经济的全新思路。1992 年，联合国环境与发展大会制定了《21 世纪议程》，此后发展循环经济成为世界潮流，旨在改变过度消耗自然资源，严重破坏生态环境的局面。循环经济作为一个完整的系统概念引入中国，是在 1998 年中国一些学者考察德国对废弃物管理的实践之后。而所谓的农业循环经济,是以可持续发展思想为指导,在保护农业生态环境和充分利用科学技术的基础上,调整优化农业产业结构,尽可能提高农业系统物质能量的多级循环利用,并控制外部有害物质的投入和农业废弃物的产生,形成"资源→农产品→废弃物→再生资源"的循环流动,减轻环境污染。

在资源短缺、能源效率、气候和环境等一系列问题危及人类发展的大背景下,发展循环农业引起世界各国政府及社会的广泛关注。在 2005 年中国国务院发出的"关于做好建设节约型社会近期重点工作的通知"中,农业部对建设节约型农业、发展农业循环经济做出了总体部署;此后连续 5 年,中央一号文件中都明确提出要优化农业产业结构,在发展现代农业的过程中应加强农村的节能减排工作,积极发展农业循环经济,加强农业面源污染治理。张红宇(2011)指出,我国是农业大国,农业资源要素短缺是我国农业的基本特征之一,这决定了现阶段在由传统农业向现代农业转变的过程中,必须有效利用资源要素,一方面集约节约利用资源,另一方面积极推进农业节能减排。通过发展农业循环经济实现农业生产资料的减量化、再利用和资源化,降低农业资源消耗,提高资源利用效率。

农作物秸秆是农业生产的主要废弃物之一。秸秆大量废弃,将导致其富含的氮、磷、钾等营养物质随雨水进入地面和地下水体,与农田营养物质一起造成水体的富营养化;秸秆露天焚烧,一是污染大气,二是引发火灾危及农民的生命财产,此外还会破坏农田生态环境,如降低土壤肥力,蒸发土壤水分,烧死大量的土壤微生物,破坏农田生物群落,影响后茬作物生长等。相反,如对秸秆加以利用,将有利于农业生态环境中的土壤肥力和水土保持,是循环农业的重要实现途径,是实现农业经济可持续发展的必然要求。随着秸秆资源化利用技术的完善,以秸秆肥料化、饲料化、新型能源化等为主的综合利用得到一定发展,如秸秆机械还田、快速腐熟还田、秸秆青贮和微贮、秸秆压块饲料和膨化饲料加工、秸秆沼气和热解气化、秸秆固化成型燃料、秸秆养殖食用菌,以秸秆为原料代替木材造纸、生产建材和包装材料、秸秆发电等。由此可见,秸秆是一种"用则利,弃则废"的生物质能源,其开发利用涉及环境安全、可再生资源的高效利用。秸秆的资源化、商品化对于提高我国农业综合生产能力，增加农民收入、减少污染、建设资源节约型和环境友好型社会都具有重要意义。

秸秆废弃焚烧带来的环境污染问题以及资源浪费问题引起了政府的密切关注。1999 年，国家环境保护总局发布《秸秆禁烧和综合利用管理办法》的通知，对禁烧工作作出具体部署；2005 年，国家颁布《中华人民共和国可再生能源法》，规定"国家鼓励和支持农村地区的可再生能源开发利用"；为进一步促进农业生物质能资源的发展，农业部于 2007 年发布了《农业生物质能产业发展规划（2007～2015 年)》，指出农作物秸秆是重要的农业生物质能资源之一。2008 年国务院发布的《关于加快推进农作物秸秆综合利用的意见》（以下简称《意见》）是我国首个明确关于秸秆综合利用的纲领，《意见》要求加快推进秸秆的综合利用，实现秸秆的资源化、商品化，促进资源节约、环境保护和农民增收。然而事实上，近年来随着秸秆产量的增加、农村商品能源的普及以及农村新型能源的应用推广，我国秸秆传统的直接用作生活燃料的需求减少，燃用量逐年递减，加之秸秆分布零散、体积蓬松、收集运输成本高，产业化程度不高等原因，秸秆出现了地区性、季节性、结构性过剩，大量秸秆资源被废弃焚烧。2007 年 5～6 月，国家卫星遥感监测数据表明，我国主要农区河北、河南、山东、江苏、安徽等省秸秆焚烧火点数分别为 280 个、1013 个、357 个、592 个和 557 个。据江苏省环保部卫星遥感监测，2010 年 5 月 19 日～7 月 8 日，全省境内共有秸秆焚烧火点 716 个，其中苏北 5 市火点较多，共有 601 个，占全省火点总数的 83.9%。

为弄清我国秸秆资源情况和利用现状，推进秸秆的综合利用，农业部于 2009 年展开了全国秸秆资源调查与评价工作，结果显示我国农作物秸秆理论资源量①为 8.2 亿吨，可收集资源量约为 6.87 亿吨，占理论资源量的 83.8%，未利用资源量为 2.15 亿吨，而 2003 年，我国农作物秸秆总产量为

---

① 理论资源量是指某一区域秸秆的年总产量，是理论上该地区每年可能生产的秸秆资源量。

6.05 亿吨，可收集资源量约为 5 亿吨（何亮，2008）。为了进一步落实《意见》，发改委于 2011 年又制定了《"十二五"农作物秸秆综合利用实施方案》（以下简称《方案》），指出秸秆综合利用工作是为了加快农业循环经济和新兴产业的发展，为了改善农村居民生产生活条件，增加农民收入，保护生态环境，要求以农业优先、多元利用，市场导向、政策扶持；科技推动、强化支撑，因地制宜、突出重点为基本原则推进秸秆综合利用。

据《方案》的统计数据显示，2010 年，全国秸秆综合利用率达到70.6%，利用量约为 5 亿吨。其中，作为饲料使用量约 2.18 亿吨，占 31.9；作为肥料使用量约 1.07 亿吨（不含根茬还田，根茬还田量约 1.58 亿吨），占 15.6%；作为种植食用菌基料量约 0.18 亿吨，占 2.6%；作为人造板、造纸等工业原料量约 0.18 亿吨，占 2.6%；作为燃料使用量（含农户传统炊事取暖、秸秆新型能源化利用）约 1.22 亿吨，占 17.8%。秸秆综合利用取得明显成效，但其中仍存在一些问题。例如，秸秆是一种宝贵资源的理念还未深入人心，在禁烧政策下，秸秆成为广大农民的负累；秸秆资源化、商品化程度低，区域间发展不平衡；秸秆综合利用企业规模小，缺乏龙头企业带动，未能形成产业化发展；现有的支持秸秆综合利用的政策较少使农民直接受益等。

发展农业循环经济是一个涉及生产、流通、消费诸多环节的系统工程，在此过程中，农民和政府是主要的实践者，是最重要的行为主体，农业循环经济的积极发展、推进农作物秸秆综合利用的政策产生效应，都必须通过这两个行为主体起作用。然而环境资源具有公共物品的属性，废弃焚烧秸秆虽然使他人付出了代价（承担环境污染的恶果），农民却无须直接承担污染的责任对他人进行补偿，同时还可以转嫁处理秸秆的成本，这必然会加深农民废弃焚烧秸秆的动机，这是由农户以追求利润最大化的行为目标所决定的。尽管如此，无论秸秆作为何种用途加以利用，都必须首先经由农民将其收集。由此看来，要实现秸秆资源化、商品化，政府就必须要发挥作用，通过实行一定的干预来改变农户废弃焚烧秸秆的行为，如奖惩制度法律化、给予相应的财政补贴。但是，政策的正确制定及有效实施是以充分了解农户意愿与行为决策的影响因素为前提的。因此对农户秸秆利用行为决策的研究就具有了重要的现实意义。

就此提出本书所要研究的问题：在秸秆综合利用中，江苏省农户最倾向于何种秸秆利用方式？影响其行为决策的因素有哪些？具体来讲，对农户而言，各种秸秆利用方式的成本收益如何？各种秸秆利用方式下存在何种现实约束条件？秸秆还田的实施，是否对农业生产产生了积极影响？农民对秸秆还田的支付意愿有多高？农户出售秸秆的意愿是否转化成了实际行为？如果意愿未能转化成现实，那么原因何在？在现有条件下，是否仅通过宣传教育就能实现政策目标？对于这些问题的了解，有利于加快推进秸秆综合利用的政策制定，从而有利于实现秸秆的资源化、商品化，对于减轻环境污染、发展循环农业、增加农民收入、促进农业和农村经济的可持续发展，具有十分重要的现实意义。

1.2 研究目标、研究假说与研究内容

1.2.1 研究目标

本书的总体目标是：以发展循环经济，推进农作物秸秆的综合利用，实现秸秆资源化、商品化，以及农民增收为基本出发点，以江苏省苏南、苏中、苏北地区的南京、泰州、宿迁农村地区为例，研究农户秸秆综合利用的意愿和行为决策，为加快秸秆综合利用的政策制定提供依据。

本研究的具体目标包括：

目标一：分析江苏省各地区农户秸秆综合利用方式的成本收益，寻找理

论上最有利于增加农民收益的利用方式，并探讨现实约束条件。

目标二：分析秸秆还田对农作物生产的影响，具体为对水稻和小麦单产的影响，判断秸秆综合利用实现农民增收的政策目标是否实现。

目标三：分析江苏省农户秸秆还田的支付意愿分布及影响因素，测算农户秸秆还田的支付意愿值，为秸秆还田补贴政策的制定提供依据。

目标四：分析秸秆商品化进程中最为关键的环节，即农户出售秸秆的决策影响因素，并基于农户意愿和现实行为差异的角度，探讨阻碍农户出售秸秆意愿转化成实际行为的现实因素。

1.2.2 研究假说

针对以上研究目标，提出以下研究假说：

假说一：农户的客观支付能力、对秸秆利用的相关认知是影响农户秸秆还田支付意愿的关键因素，同时个人及家庭特征也会产生一定影响。

根据农户是理性经济人的经济学假设，效用最大化是农户的行为目标，预期成本收益就成为其行为决策的依据，而农户的客观支付能力、农户对秸秆还田及秸秆其他处置方式影响的认知、个人及家庭特征等变量又从不同方向影响农户的预期成本收益，进而对农户秸秆还田的支付意愿产生影响。

假说二：完善的市场条件及积极的政府政策有利于促进农户出售秸秆；此外，户主的个人特征、家庭特征以及其他行为人决策对农户秸秆出售的决策也有重要影响。

市场条件越完善，即农户出售秸秆的便利程度越高，越有利于农户作出出售秸秆的决策；并且多项研究表明，政府对于新技术的推广及使用具有重要作用①。因此假说认为完善的市场条件、积极的政策引导和适当的财政补贴有利于促进农户出售秸秆。

---

① Alan K. M. Au & Matthew C. H. Yeung, Modeling Chinese manufacturers' technology adoption behavior, Journal of Organization Transformation and Social Change (2007) Vol. 4 No. 2.

Ashar（1991）、Adestina（1993）、Saha（1994）、林毅夫（1994）、张舰（2002）等研究认为，农户是否采用新技术主要是基于农户对此项技术的认知情况，而决定农户认知的主要因素是农户自身的文化水平和农业生产的经验，而年龄和新技术的采纳则呈负相关关系。本文在前人研究的基础上，假说认为户主的受教育程度和年龄可能分别对农户秸秆出售决策产生正向和负向影响。家庭劳动力、收入结构和耕地面积是可能影响农户秸秆出售决策的一组家庭特征变量。

假说三：出售秸秆的便利程度、政府政策、农户的家庭种植规模、劳动力等因素是影响农户秸秆出售意愿转化为现实的重要原因。

秸秆出售可能的投入包括劳动力成本和运输成本。如果农户出售秸秆的便利程度低，如秸秆出售点距离远，这将增加农户的运输成本，降低农户的出售收益。相反，如果农户出售秸秆的途径畅通，如有中间人上门收购秸秆，将直接节约农户的劳动力及运输成本。因此，假说认为相关市场条件是造成农户出售意愿与行为差异形成的重要原因。

1.2.3 研究内容

为了检验研究假说，实现以上五个具体的研究目标，本文主要围绕以下几个内容展开研究：

研究内容一：江苏省农作物秸秆资源综合利用量测算以及相关背景描述。

回顾秸秆综合利用政策的发展路径；测算江苏省农作物秸秆资源的总量以及各地区各类农作物秸秆产量；描述江苏省秸秆综合利用的总体情况；分析目前综合利用过程中所存在的问题，初步分析问题存在的原因。该部分是全书研究背景的阐述，展示江苏省秸秆资源的数量及利用情况，从总体上把握江苏省秸秆资源利用的潜力和目前所存在的问题。

研究内容二：江苏省秸秆综合利用农户行为的成本收益分析。

研究个体的行为决策，就必须进行成本收益分析。预期成本收益是影响农户决策的关键原因，农户选择何种秸秆利用方式取决于农户对各种利用方式的预期成本收益的比较，因此本章作为实证分析的第一部分，首先对农户利用秸秆的行为进行界定，然后对农户不同秸秆利用方式的理论上的成本收益进行比较分析。

研究内容三：江苏省农户秸秆还田的实证分析。

该部分包括两个具体的研究内容，一是秸秆还田对作物产量的影响，二是农户秸秆还田支付意愿的影响因素及支付意愿值测定。

秸秆综合利用的政策目标之一便是要提高农业效益，增加农民收入。理论上讲，秸秆还田通过培肥土壤，增加农产品产量，改善农产品质量，从而提高种植业投入产出效率，实现种植增收，但实际效果如何仍有待检验。因此，该部分首先采用 Matching 方法分析农户秸秆还田对农作物产量的影响，具体是对水稻和小麦产量的影响。在此基础上，采用 COX 比例风险模型实证分析农户秸秆还田支付意愿的影响因素，并基于模型测算农户的支付意愿水平，为政府财政补贴政策的制定提供依据。

研究内容四：江苏省农户秸秆出售的实证分析。

该部分首先基于实地调研，总结描述江苏省不同地区农户对于秸秆各种处置方式的相关认知和态度；然后就秸秆商品化过程中最为关键的环节，即农户出售秸秆的行为决策的影响因素进行实证分析；最后基于农户秸秆出售意愿与行为差异形成的原因展开分析，探讨阻碍农户出售秸秆的现实因素。

1.3 研究数据

本研究的数据主要包括原始数据和二手资料。农户层面的秸秆处置的认知、意愿、行为、秸秆还田的支付意愿、农户的种植业产出投入等基本数据来自对农户的入户调查，调查主要集中在江苏省苏南地区的南京、苏中地区的泰州、苏北地区的宿迁三地的乡镇。总共调查 658 份问卷，剔除中途中断回答、漏答关键问题和信息、家庭没有秸秆的无效问卷之后，最终获得 624 份有效问卷，其中南京市为 216 份、泰州市为 202 份、宿迁市为 206 份。具体研究内容使用的数据来源如下：

（1）第 3 章中江苏省及各地区农作物秸秆资源总量及构成，数据根据《江苏统计年鉴 2011》、历年《江苏省农村统计年鉴》以及 2010 年江苏省 13 地市统计年鉴中的相关统计资料整理计算而得。

（2）第 5 章中江苏省农户秸秆处置行为的成本收益分析，农户层面的微观数据来自于本研究对南京、泰州、宿迁三地农村地区的随机抽样调查。各地区的农户平均收入水平来源于《江苏统计年鉴》。

（3）其他各章关于农户秸秆还田的实证分析、农户秸秆出售的实证分析中的数据均来自本研究对农户的面对面调查。

1.4　分析框架

农作物秸秆的综合利用是农业循环经济的一个组成部分，其最为显著的特点是环境保护以及资源节约，但是环境保护作为一个产业在完全市场条件下往往无法独立存在，或者说它没有存在的经济合理性。因为环境资源具有公共物品的属性，共享性使得农民废弃焚烧秸秆让他人付出了代价，而自己无须直接承担污染环境的责任对他人进行补偿，又可转嫁秸秆收集利用的成本。无须付出成本就能得到收益，这易导致农民"免费搭车"，加深农民废弃焚烧秸秆的动机。此外，农户是秸秆综合利用形成产业化发展中的核心主体之一，因此，分析秸秆综合利用中农户意愿和决策行为的影响因素，有助于政府政策的制定，从而加快推进秸秆资源化、商品化向着积极方向发展，有利于生态环境保护以及循环农业、低碳经济的发展。基于以上分析，本书以农户的秸秆综合利用为研究对象。

　　农户自用秸秆的方式具体包括生活燃料、饲料、沼气、还田。对江苏省秸秆综合利用农户行为的成本收益分析表明，秸秆作为生活燃料、沼气、还田等各种自用方式下，农户都能获得一定的净收益。但是，秸秆作为直接生活燃料，是传统的利用方式，其热值损耗大，并会污染环境，不符合低碳经济的发展理念；秸秆制沼气的初始投资大、使用不方便，且目前农户利用沼气尚存在技术难题，如冬季气温低导致沼气池难以发酵产气等，以上因素都抑制了农户利用秸秆沼气的积极性，实地调查结果也表明，江苏省利用秸秆制沼气的农户比例极小，且都意愿不高；秸秆作为饲料的具体成本收益本研究中并未测算，因为在 624 个有效调查样本中，养殖大户所占比重极小，且没用农户采用青贮、微贮等新技术加工秸秆饲料，少数以秸秆作为禽畜饲料的农户也仅是将秸秆铡碎直接饲养，其营养价值低并难以被吸收；秸秆机械还田符合农业循环经济发展的理念，相对而言也较为简便、易于推广，并能为农户带来一定的净收益，因而成为国家重点推广的秸秆综合利用模式之一，也是目前江苏省农户秸秆利用的主要方式之一。基于以上考虑，本文将农户自用秸秆中的机械还田作为重点研究内容之一，具体分析江苏省农户秸秆还田对小麦和水稻产量的影响，以及江苏省农户秸秆还田支付意愿的影响因素，并在此基础上测算江苏省农户秸秆还田的支付意愿值，为政府财政补贴的政策制定提供科学依据。

　　在本研究的 624 个有效调查样本中，约 27% 的农户出售过秸秆，所占比重不高。然而，对江苏省农户秸秆出售的成本收益分析表明，在具备一定市场条件的情况下，秸秆出售能使农户获得一定收益；并且农户出售秸秆是秸秆工业原料化利用的前提，是实现秸秆商品化、资源化的关键环节，对于秸秆综合利用，形成秸秆产业化发展具有重要意义。因此，本书将农户秸秆出售的行为决策作为重点研究内容之一，具体分析江苏省农户秸秆出售决策的影响因素，以及农户秸秆出售行为与意愿的一致性。

　　综上所述，本书将基于农户的视角，重点研究其秸秆还田和秸秆出售的意愿和决策行为。构建本书的研究框架如图 1 - 1 所示。

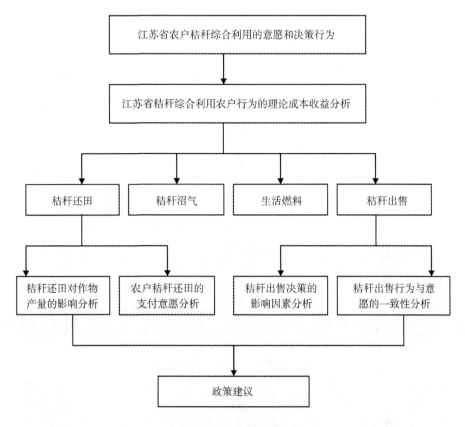

图 1 - 1 分析框架图

资料来源：根据本研究整理。

1.5　技术路线

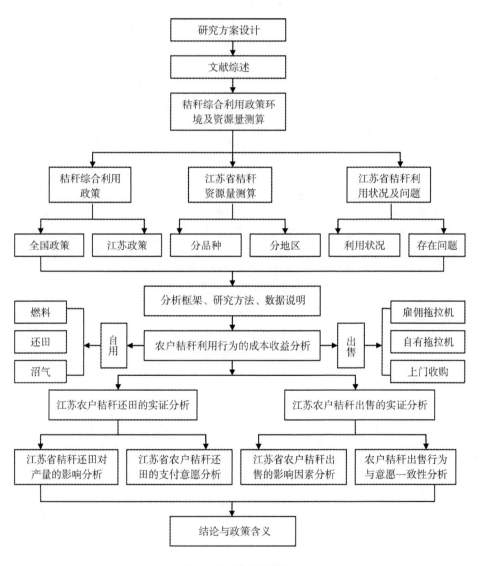

图 1-2　技术路线图

1.6 可能的创新与不足

本研究的贡献在于,系统测算了江苏省包括粮食、油料、棉花、麻类、糖料、烟叶、药材、蔬菜、瓜类、其他十大类农作物在内的秸秆资源量,并对江苏省各地区农户处置秸秆的成本收益进行比较分析,重点探讨了农户秸秆出售以及农户秸秆还田的意愿和行为决策,为促进秸秆综合利用的政策制定提供依据。本研究可能的创新是:

第一,我国的农作物包括粮食、油料、棉花、麻类、糖类、烟叶、药材、蔬菜、瓜类、其他十大类,而现有秸秆资源量测算的文献,一般仅将粮食、油料、棉花作物秸秆纳入测算范围,对其余七类作物秸秆产量未进行测算。统计不完全使秸秆资源总量的估算结果严重偏低,不利于秸秆综合利用方案和规划的合理制定。因而本研究选取较为科学合理的草谷比体系,测算了江苏省包括粮食、油料、棉花、麻类、糖类、烟叶、药材、蔬菜、瓜类在内的秸秆资源总量。

第二,农户是秸秆综合利用进程中的重要主体之一。现有关于秸秆的研究主要侧重于对全国或各地区秸秆资源量的测算;对秸秆各种利用技术的研究;对秸秆各种利用技术的经济、社会、生态效益评价;对秸秆资源综合利用现状、问题的描述及对策建议,而缺乏基于农户微观层面的研究。少量基于行为经济学理论的农户意愿及行为的研究文献,也主要是在政府禁烧秸秆的背景下,针对农户秸秆焚烧意愿和动机的研究,而对农户利用秸秆的行为决策研究极少。秸秆还田是农业循环经济发展的重要应用,也是目前最易于推广的秸秆综合利用方式;农户出售秸秆是实现秸秆资源化、商品化的关键环节,因此本研究基于农户的视角,重点分析了其秸秆还田和秸秆出售的行为决策,充实了秸秆综合利用的研究。

第三，本研究在利用 COX 比例风险模型分析江苏省农户秸秆还田支付意愿影响因素的基础上，基于模型测算了江苏省农户秸秆还田的支付意愿值，并结合当前江苏省农户秸秆还田中实际需要支付的费用，测算出政府财政补贴的制定水平，为政府推广秸秆还田的综合利用方式，进行财政补贴的政策制定提供了科学依据。

本研究的主要不足在于：

第一，农户、政府、涉农企业、专业合作组织为农业循环经济发展的四大主体。具体至秸秆产业的发展，其主体包括农户、政府、以秸秆为原料的企业、秸秆专业合作组织。其中，农户和企业是秸秆产业发展的核心主体；政府主要起监督、服务和调控的作用，是秸秆产业发展的主导主体；秸秆专业合作组织应充当桥梁作用，但目前我国秸秆专业合作组织尚未发展起来。鉴于秸秆综合利用本质上属于循环经济、低碳经济的范畴，因而对其研究不应仅仅局限于"物质循环"的视角，还要充分考虑行为主体之间的关系问题。受篇幅所限，本文未对农户与政府及其他主体间的相互关系进行研究。

第二，本研究对分别位于江苏省苏南、苏中、苏北地区的南京、泰州、宿迁地区共 658 户农户的秸秆综合利用进行了实地调查。受时间、物力、财力等客观因素限制，调查未能选择苏南、苏中、苏北各地区更多县市的农户，因而研究结果在江苏省不同地域上的代表性可能有所欠缺；并且调查和研究局限于江苏省内，未将江苏省与其他典型农业省市的农户秸秆综合利用行为进行比较分析。

第 2 章　文献综述

　　秸秆是一种清洁的生物质能源逐渐成为各地政府、各界学者的共识，秸秆综合利用、秸秆产业化发展成为发展循环经济的一个子系统。结合本研究的目标，本章将主要从秸秆资源量的测算、秸秆废弃焚烧的危害、秸秆综合利用实践、秸秆综合利用中的农户行为、秸秆综合利用中存在的问题，促进秸秆综合利用的政策措施等几个方面，对相关研究进行简要回顾和评述，并在此基础上提出对本研究的启示。

2.1　相关概念界定

　　本小节对研究中涉及的相关概念进行界定，主要是对农作物秸秆以及秸秆综合利用类型的定义。

　　《辞海》对秸、秆分别进行了解释，将"秸"定义为农作物的茎秆，如麦秸、豆秸；将"秆"定义为禾本科植物的茎（夏征农等，1996）。《现代汉语词典》对秸秆的定义是："农作物脱离后剩下的茎"（中国社会科学园语言研究所词典编辑室，2005）。农业部（2009）将农作物秸秆定义为：在农业生产过程中，稻谷、小麦、玉米等农作物收获之后，残留的不可食用的茎、叶等副产品。毕于运（2010）在其研究中，将农作物秸秆定义为：除农作物主产品，即农作物经济产品之外的农作物副产品，不包括麦麸、饼粕等农副产品，也不包括农作物的根部。

简而言之，农作物秸秆即农作物收获后，不可食用的茎、叶等副产品，以下简称秸秆。秸秆主要由植物细胞壁组成，含有大量粗纤维、无氮浸出物、脂肪、粗灰分、蛋白质以及少量其他成分（牛若峰、刘天福，1984），因而秸秆具有丰富的氮、磷、钾、钙、镁和有机质，是一种具有多用途的可再生生物质能源。

按照农作物的种类对秸秆进行分类，可分为粮食作物秸秆、油料作物秸秆、棉秆、麻秆、糖料作物副产品、烟秆、药材作物残余物、蔬菜藤蔓及残余物、其他作物秸秆。其中，粮食作物秸秆包括水稻秸秆、小麦秸秆、玉米秸秆、大豆秸秆、薯类藤蔓等；油料作物秸秆包括花生秧和花生壳、油菜秆、芝麻秸、向日葵秆等（姜树，2009）。

秸秆综合利用有多种方式，根据农业部等部门的分类，主要包括秸秆肥料化利用、饲料化利用、能源化利用、基料化利用、工业原料化利用等。

2.2 秸秆资源量测算的研究综述

秸秆是农作物的副产品，其产量未列入统计部门的统计范围，而随着秸秆的资源属性日益受到重视，对秸秆资源量、可收集利用量的估算成为秸秆资源综合利用可行性评价的先决条件。

秸秆产量与农作物产量有一定比例关系，因此可用粮食产量推算秸秆产量。20世纪90年代初，我国将秸秆和粮食的比例系数逐步统一至1或1.2，秸秆总产量为农作物总产量乘以1或1.2，这对于开发秸秆资源起到一定促进作用，因为改变了秸秆资源量没有底的局面（戚长积，1993）。

随着秸秆资源的深度开发，1或1.2的比例系数计算方法受到质疑，因为不同的作物品种具有不同的秸、粮比系数。秸秆资源量的测算方法进而演变为多个系数累加法，即秸秆总产量等于各种作物秸秆产量之和，各种作物秸秆产量等于作物产量乘以该作物的秸秆系数。王秋华（1994）估算中国重要作物秸秆年产近6亿吨；韩鲁佳（2002）对1999年中国主要秸秆资源量的测算结果为6.4亿吨，其中以稻草、玉米秸秆、麦秆为主，分别为稻草1.9亿吨，玉米秸秆1.7亿吨，麦秆1.2亿吨；何亮（2008）、曹国良（2006）测算2003年我国农作物秸秆总产量约为6亿吨，毕于运（2010）的测算结果比其高出约16%为6.8亿吨；农业部于2009年展开的全国秸秆资源调查与评价工作结果显示我国农作物秸秆理论资源量已达到8.2亿吨，可收集资源量约为6.87亿吨（农业部，2009）。

国外学者也对秸秆资源的可供性进行了研究，如Kadam（2002）测算了美国玉米秸秆用作生物乙醇给料的可利用量，Menke（2009）估算了稻草在印度、泰国、菲律宾用作可再生能源的潜力。

以上秸秆资源量测算的研究文献表明，国内学者对我国秸秆资源量的估算结果存在较大差异，这一方面是由于对农作物秸秆种类的统计不完全，我国农作物秸秆共包括十大类，而众多研究的测算结果仅包括粮食、油料、棉花秸秆等主要作物秸秆，另一方面则是因为采用了不同的草谷比取值。目前国内最为常见的草谷比体系主要有四套，分别为中国农村能源行业协会的草谷比体系，《农业技术经济手册（修订本）》中的草谷比体系，《非常规饲料资源的开发与利用》中的草谷比体系以及《中国作物的收获指数》中的草谷比体系。近年来，李京京等（2001）、钟华平等（2003）、刘刚等（2007）、毕于运（2010）在对我国秸秆资源量测算的研究中，分别建立了各自的草谷比体系。表2-1显示了不同文献对我国主要农作物草谷比的取值。

表2-1 我国主要农作物秸秆的草谷比

秸秆种类	水稻	小麦	玉米
中国农村能源行业协会	0.623	1.366	2
《农业技术经济手册（修订本）》	0.9	1.1	1.2

秸秆种类	水稻	小麦	玉米
《非常规饲料资源的开发与利用》	0.966	1.03	1.37
《中国作物的收获指数》	0.756	0.582	0.788
《可再生能源资源的系统评价 方法及实例》	1	1	2
《中国作物秸秆资源及其利用》	1.1	1.1	2
《秸秆资源评价与利用研究》*	0.68/1	1.3	1.1/0.21

注：*中，0.68/1 分别表示早稻、中晚稻的草谷比，1.1/0.21 分别表示玉米秸秆的草谷比、玉米芯和玉米的产量之比。

资料来源：根据本研究的文献整理。

2.3　秸秆综合利用的研究综述

本节将从秸秆废弃焚烧的危害、秸秆综合利用现状、秸秆综合利用中存在的问题、农户行为、促进秸秆综合利用的政策措施等几个方面进行秸秆综合利用的研究综述。

2.3.1　秸秆废弃焚烧的危害

秸秆废弃是我国重要的面源污染源之一，其危害主要在于造成水面富营养化。被弃置于田头、路边、沟渠边的秸秆经过长期的日晒雨淋，逐渐腐解，大量养分将随着雨水进入地表和地下水系。我国每年废弃的秸秆高达上亿吨，所含的 N、P_2O_5、K_2O 分别高达 54.61 万吨、21.84 万吨、65.53 万吨，如果这些养分都进入地表水系，将造成 20 万~30 万 km^2 水面的富营养化（毕于运，2010）。

秸秆露天焚烧的危害可归结为引起区域间歇性大气污染、导致呼吸道等疾病的迅速增加、破坏土壤结构和生态平衡、引发航班延误与公路交通事故等几个方面。

李阳（2011）利用对河北固城生态与农业气象试验站、北京城区的中国气象局培训中心观测点、华北区域大气本底站点上甸子站、东北平原本底站点龙凤山站和长江三角洲区域本底站点临安站观测的反应性气体 NO_x、SO_2、CO、O_3 数据取得浓度比，用排放源清单数据获取排放比，并与浓度比进行比较，从而揭示排放源清单在所研究区域可能存在的问题，其结果表明，高 CO/SO_2 和 CO/NO_x 是秸秆燃烧的重要特征，且秸秆燃烧排放的 CO 可能被排放源调查严重低估。苏继峰（2011）以 2008 年 10 月 28 日、29 日，以及 2010 年 11 月 1 日、2 日两次南京及周边地区空气污染为例，通过利用各地区农业统计年鉴，结合各地区的秸秆露天焚烧比例数据，制作秸秆焚烧排放源，使用新排放源对秸秆焚烧导致南京及周边地区空气污染的状况进行模拟，从而分析各地区秸秆排放源对南京空气污染的影响，结果表明秸秆焚烧是两次污染形成的主要原因，带有秸秆排放源的新排放源比原始排放源更贴近实测浓度。陈建民等（2011）通过设计研制大型气溶胶烟雾箱、专用燃烧炉和表征大气颗粒物等的测量系统，测量了玉米、小麦、水稻三种秸秆燃烧排放的气态污染物及颗粒物，结果表明，2004 年这三种秸秆燃烧排放的 CO、CO_2、NO_2 分别达 2300 万吨、2.5 亿吨、28 万吨。

秸秆焚烧会导致土壤板结，降低土壤肥力，不利于农作物生长。刘天学等（2003，2005）研究了秸秆焚烧对土壤有机质和微生物的影响以及秸秆焚烧土壤提取液对大豆种子萌发和幼苗生长的影响。谢爱华（2005）研究了秸秆焚烧对土壤生态因子、土壤营养元素及农作物产量的影响，结果表明，秸秆焚烧降低了土壤含水量，并有使土壤 pH 值升高的趋势，且使得土壤中的有机质和氮、磷含量明显减少，最终导致玉米、大豆减产。此外，谢爱华（2005）还基于农田土壤动物群落结构的角度，研究了秸秆焚烧的影响。

关于秸秆露天焚烧的比例，现有研究结论不尽一致，如高祥照（2002）根据全国农业技术推广服务中心 2000 年土壤肥料的专业统计数据，将秸秆露天焚烧的比例确定为 6.6%，36.6% 用作肥料直接还田；而 Yang（1994）、

Song（1995）等的研究表明秸秆直接还田的比例仅为 15% ~ 20%，高祥照（2002）的秸秆直接还田比例高估了 16.6% ~ 21.6%；因此，Yan（2006）基于高祥照（2002）的研究结论，将各省的秸秆露天焚烧比例增加了 16.6%；王书肖等（2008）通过实地调查，采用分层抽样的统计方法，估算出我国秸秆露天焚烧的比例约为 18.59%，且根据农业、气候、经济、地域特征将全国划分为 6 个农业区，各农业区的焚烧比例介于 10% ~ 30%。

2.3.2 秸秆综合利用实践

露天焚烧秸秆是农户曾经处置秸秆的方式，并且现在仍有继续（Yevich，2003；Chen et al.，2005；McCarty et al.，2007），鉴于其危害性，各国政府均不鼓励焚烧秸秆（Robert，2002；Wrest，2009）。循环经济和知识经济是国际社会推进可持续发展的两大新的实践模式，未来农业的发展也必然以全新的理念和范式推进（Harris，1996；Morgan et al.，2000）。秸秆资源的综合利用便是可持续发展思想和循环经济理论在农业经济中的具体体现和应用（罗岚，2011）。

2.3.2.1 国内秸秆综合利用实践

目前，国内秸秆资源的综合利用主要包括饲料化、肥料化、能源化、工业原料化、基料化五种模式。

秸秆用作饲料，在我国主要是以秸秆养畜、过腹还田的方式进行。1999 ~ 2000 年，我国共制作青贮饲料 8.5 亿吨、氨化秸秆饲料 2.8 亿吨，合计折算节约谷物饲料近 2 亿吨，年均节约 2000 万吨（韩鲁佳、闫巧娟等，2002），但该研究未说明其统计方式。毕于运（2008）以我国土地分类面积、牲畜养殖量和饲草需求量、草地载畜量等为依据，对各类土地面积的载畜量作出假设，以此概算我国各地区的秸秆饲用量，结果表明，我国秸秆饲用量约为 17660 万吨，占全国秸秆可收集利用总量的 27.13%，其中，西北干旱区、黄淮海区和青藏高原区是我国秸秆饲用率最高的地区。据国家发展改革委、农业部、财政部（2011）测算，2010 年我国秸秆作为饲料的使用量约

2.18 亿吨，占 31.9%。另外，一些学者描述了我国各地区的秸秆用作饲料的现状（李书民、杨邦杰，2005；卞同洋、陶红等，2009；姜树，2009）。

秸秆直接还田是秸秆综合利用中最经济并可持续的方式（李建政，2011），还田后可使作物吸收的大部分营养元素归还给土壤，使土壤有机质每年增加约 0.01%，从而改善土壤团粒结构，增加土壤肥力，节约化肥施用量，增加作物产量（韩鲁佳等，2002）。目前秸秆直接还田在我国得到了大力推广，其方式主要包括机械粉碎翻压还田、机械粉碎覆盖还田、高留茬还田（毕于运，2011）。韩鲁佳（2002）、韩雪（2003）、胡伟（2009）、毕于运（2010）、刘宪（2010）等描述了我国秸秆机械化还田面积及秸秆还田机具数量等。关于秸秆还田对土壤及作物产量影响的研究颇多，如魏延举等（1990）、钟杭（2002）、强学彩（2003）、孙伟红（2004）、李玲玲（2005）、董玉良（2005）、吴菲（2005）、李凤博（2008）、胡星（2008）、李丽清等（2009）、罗珠珠（2009）、吕美蓉（2010）、王珍（2010）、汤浪涛（2010）、路文涛（2011）、王海霞（2011），这些研究主要基于农学实验的方法，考察秸秆还田量、不同秸秆还田方式对于土壤水分及结构、作物产量等的影响，研究结论较为一致，秸秆还田有利于提高土壤水分含量及有机碳含量，促进作物增产。

秸秆能源化主要包括作为农村直接生活燃料、秸秆沼气、秸秆固化成型燃料、秸秆热解气化、秸秆发电和秸秆干馏等方式。毕于运（2010）根据农业部科技教育司掌握的"十五"期间我国各省、市、自治区农村新增商品能源用户和新型能源用户的数量推算出，2008 年我国秸秆燃用量约为 2.1 亿吨，折合标准煤 1 亿吨，约占全国秸秆可收集利用量的 1/3；秸秆新型能源化开发利用数量大约为 720 万吨，占全国可收集利用量的 1.1%。其中，户用秸秆沼气 13.84 万户，消耗秸秆约 15 万吨；秸秆生物气化集中供气 150 处，消耗秸秆 2 万吨，1.8 万户农户受益；正常运行的秸秆气化站 856 处，消耗秸秆 22 万吨，产气 3.2 亿立方米，21.4 万户农户受益；秸秆炭化厂 52 个，消耗秸秆 7 万吨，产木炭 3 万吨；秸秆固化厂 102 处，消耗秸秆 50 万吨，产压块燃料 38 万吨。除了对秸秆能源化发展现状的描述外，刘罡等（2008）及秸秆气化技术为例，考察了秸秆在不同分布情况下的优化经济规模；金洪奎（2009）从秸秆原料热化学特性和原料燃烧动力学研究出发，以玉米、小麦秸秆为对象，着手于秸秆气化原理、秸秆气化设备、影响秸秆气化因素等方面，探寻合理处理秸秆气化过程中焦油问题的途径；李萍（2007）以江苏涟水、安徽贵池为例，分析了户用沼气池的建设对农村家庭能源消费的影响；张培远（2007）从秸秆收集方式、秸秆发电技术、秸秆发电扶持政策三个方面对中国秸秆发电与国外进行比较；白宏明（2010）研究了秸秆发电的潜力。

秸秆工业原料化，是以秸秆为原料造纸或生产保温材料、包装材料、各类轻质板材、编制用品等，其中，使用秸秆生产非木纸浆和秸秆板是目前最主要的利用方式。世界非木材纸浆的 75% 以上产自中国，麦秸、稻草是中国造纸工业的重要原料之一（韩鲁佳等，2002）。而我国的秸秆板产业则处于萌芽状态，各地虽零星出现过秸秆板生产企业，但在农业集群化、工业生产规模化、产业与企业竞争力提升的进程中，仍处于"摸着石头过河"的状态（张燕，2010）。据统计，2010 年，我国作为造纸、人造板等工业原料的秸秆约为 0.18 亿吨，占比 2.6%（国家发改委、农业部、财政部，2011）。

秸秆基料化，是以秸秆为基料栽培食用菌。2008 年，我国食用菌养殖消耗秸秆约 1300 万吨，占当年我国秸秆可收集利用总量的 2%（毕于运，2010）；2010 年，我国秸秆作为种植食用菌基料量约 0.18 亿吨，占 2.6%（国家发改委、农业部、财政部，2011）。史青山等（2004）、冀永杰等（2009）、翁伯琦等（2008，2009a，2009b，2010）分析了秸秆基料化发展的意义、现状、问题及对策等。

此外，也有部分学者对秸秆综合利用的效益进行评价，如曹林奎等（1992）研究了秸秆及其他废弃物栽培食用菌的农业生态效益；王济民等（1996）评估了安徽阜阳地区农户秸秆养牛的经济效益；唐萍（2010）分别采用层次分析法、模糊综合评价法对安徽肥东县秸秆发电、栽培食用菌、还田、工业原料化利用方案进行了经济效益、环境效益、社会效益的评价；类似的研究还有张萍（2010）对江苏淮安、安徽贵池农村户用沼气池建设的能源、经济和环境效益；高翔（2010）对秸秆人造板项目的社会效益评价；罗岚（2011）对成都周边区县秸秆用作饲料、肥料、沼气、气化、发电、建材的经济效益、生态效益、社会效益进行评价。

2.3.2.2　国外秸秆综合利用实践

国外对秸秆的综合利用已有较长的历史，技术较为成熟，很多国家已达到机械设备配套齐备、完善的现代化水平（封莉等，2004）。

秸秆用作饲料在美国、日本、加拿大、西欧等发达国家及地区都有成熟的技术。秸秆氨化处理后用作饲料在众多国家被广泛推广，丹麦的秸秆氨化率达到20%。作物收获后，经过捡拾、打捆、注氨、包装等，一次完成对秸秆的饲料氨化处理，放在田间，让其自然氨化，用时拉回养畜场，用饲料搅拌喂料机将氨化后的秸秆切碎，与适量精饲料搅拌混合，整个过程皆为机械化操作（刘建胜，2005）。

秸秆还田则为西方国家发展有机食品（绿色食品）的重要手段（张燕，2010）。美国秸秆年产量约为4.5亿吨，秸秆还田量占秸秆产量的68%，英国秸秆还田量则占秸秆产量的73%（马振英、王英等，2007），日本秸秆直接翻入土层还田的，约占秸秆产量的68%（刘丽香、吴承祯等，2006）。国外学者对秸秆还田的研究侧重于其对生态环境，尤其是对土壤的影响。Humberto（2008）研究发现将玉米秸秆从田间移走会对土壤肥力产生负面影响，并且随着收获数量的增加，负面影响越发明显，结论表明将玉米秸秆用作生物乙醇的给料需要符合科学规律，不能无节制地利用；Karlen（2011）的研究也得出相似结论，并认为采用玉米和大豆轮作的方式有利于增加土壤肥力，类似的研究还有 Blanco（2008）、Lemke et al.（2010）、Calatrava et al.（2011）。

秸秆发电是国外秸秆能源化利用中较为重要的一种模式，秸秆发电技术已日趋成熟（Cahly et al.，1988；Donovan et al.，1995；Barbucci et al.，1996；Hatje et al.，2000）。丹麦是世界上最早使用秸秆发电的国家，其秸秆发电等可再生能源占该国能源消耗总量的 24%（崔小爱，2007），仅一家建于丹麦首都的阿维多发电厂每年可消耗秸秆 15 万吨，能满足几十万用户的供热和用电需求（刘玲、刘长江，2008）。除秸秆发电外，英国、荷兰、丹麦等国家还采用大型秸秆锅炉用于供暖或热电联产（Yokoyama et al.，1997；Rera et al.，2005；Hatjew et al.，2000；Cahly et al.，2002；Smouse et al.，2003）。

秸秆制板是国外秸秆工业原料化利用中较为重要的一种模式，该技术源于西欧。1921 年，美国利用甘蔗渣制造软质纤维板，20 世纪 40 年代末之后，以甘蔗渣、麻秆等经济作物秸秆为原料的人造板技术得到不同程度的发展。20 世纪 90 年代，异氰酸酯（MDI）应用至秸秆制板领域，解决了麦秸和稻草的胶合问题（姜树，2009）。1999 年，加拿大成功开发了秸秆 MDF 和麦秸定向刨花板的生产技术（Strawinto，2001）

2.3.3　秸秆综合利用中的农户行为

现有的关于秸秆综合利用中农户主体的研究，主要集中于对农户焚烧秸秆动机的理论分析，以及农户焚烧秸秆等行为决策影响因素的实证分析两个方面。

关于农户焚烧秸秆的动机，理论界一致认为农户作为理性经济人，必然以私人成本最小化作为最优选择原则，而焚烧秸秆正是农户比较过秸秆处置成本与收益后理性选择的最优结果（李振宇、黄少安，2002；张琳，2007；马骥，2009）。具体来讲，邬莉（2001）、梅付春（2008）等认为劳动力成本高涨及运输距离远导致农民选择焚烧秸秆；李振宇、黄少安（2002）从政府禁烧秸秆的制度安排角度解释了农民焚烧秸秆的原因，认为禁烧秸秆的政策执行成本过高、政府执法有律可循导致农民更易投机取巧，使得处罚措施形同虚设，没有从根本上改变农民焚烧秸秆的成本收益比，是制度失灵、农民继续焚烧秸秆的原因；马骥（2009）通过比较秸秆不同利用方式的成本收益，总结出资金约束、机械约束、市场约束、时间约束、技术约束等约束条件是导致农户放弃具有较高净收益的秸秆利用方式，而继续选择露天焚烧的真正原因。

　　农民焚烧秸秆等行为决策的影响因素是另一个重要的研究角度。因为秸秆分散在千千万万农民的田地里，如果由企业自行收集秸秆，将面临巨额的交易成本和收集成本，从而只能依靠农户或者中间人来完成，因此农户的行为与秸秆资源化、商品化息息相关。现有研究多将农户家庭经济特征、政府政策、风险偏好、地区变量等因素设定为自变量，农户处置秸秆的方式设定为因变量，建立回归模型分析农民处置秸秆行为的影响因素，其中处置秸秆的方式多采用焚烧秸秆与否为依据进行划分（赵永清、唐步龙，2007；朱启荣，2008；芮雯奕、周博等，2009；王晓凌，2009；崔红梅，2010）。

　　行为人进行决策，除与自身经历有关以外，很大程度上也受到与其他行为人的相互作用影响，农户同样如此。因此，仅仅考虑个体行为人因素，而忽视其他行为人对其的影响，会降低农户行为决策的解释力。Lintenberg（2004）和 Marco（2004）分别给出了行为人之间及其与环境之间相互作用的机理模型。Lintenberg 利用适度优化决策框架，给出行为人相互作用的机理，并绘出集体决策图。

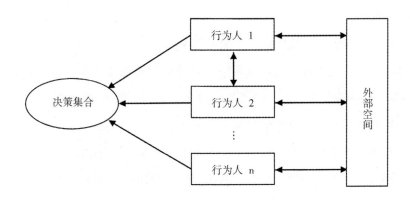

图 2-1　行为人相互作用机理图

　　资料来源：高海东．基于博弈论的农户群体相互作用机理研究——以陕西省米脂县孟岔村为例［D］．西北大学硕士学位论文，2009（5）．

Ziervogel（2005）通过实证分析农户之间的相互影响，结果证明了以上图示的合理性，所有农户均有自己的见解，并通过与其他农户的交流，会改变自己的见解。可见，其他行为人的决策对于农户行为具有重要影响。朱启荣（2008）在对农户处理秸秆方式意愿的研究中，将"同伴行为"作为变量之一，考察对农户决策的影响。

2.3.4 秸秆综合利用中存在的问题

大量文献从不同视角总结分析了我国秸秆综合利用中存在的问题。

毕于运（2010）从原料获取的角度分析了秸秆综合利用中存在的问题，其研究认为秸秆短缺及秸秆过剩是制约我国秸秆综合利用发展的问题。首先，尽管我国是世界第一秸秆资源大国，但人均占有量较少；其次，随着我国居民对肉蛋奶食品的消费需求不断增长，天然草地保护要求不断提高，禁牧、限牧范围不断扩大，秸秆养畜尤显重要，而在禽畜养殖技术未得到显著改善、饲草转化率未得到明显提高的情况下，我国秸秆所能饲养的畜产品将十分有限；另外，由于我国主要农作物秸秆是粮食的副产品，因此表现出与粮食相似的特征，即秸秆阶段性、结构性、地区性过剩，这显然不利于秸秆综合利用获得稳定的原料。

具体到秸秆各种利用方式上，秸秆饲料磷素不足、秸秆饲料技术和处理方法成本及条件要求较高、环境污染以及难以大规模推广生产等是秸秆饲料加工利用中存在的问题（卞同洋、陶红等，2009；焦小丽，2008）。种植规模小影响机械作业、易发生病虫害、秸秆腐烂困难、还田机械配套不足及机械作业成本高等是秸秆机械还田中主要存在的问题（曹建军，1999；魏延举等，1990；冯国明，2009；石蕾、柯耀胜等，2010；刘巽浩，1998；刘巽浩，2001；李建政，2011）。一次性投资大、秸秆收集与粉碎存在困难以及气化站的效率低是秸秆气化站建设发展中存在的问题（卞同洋、陶红等，2009；石蕾、柯耀胜等，2010）。初始投资及原料成本不稳定、秸秆原料供应不稳定、锅炉及燃料处理设备不成熟、经济效应差、缺乏成熟的生产经营管理经验等（马洪儒等，2006；张忠潮等，2008；张卫杰等，2009；蒋高明等，2009）是秸秆发电中主要存在的问题。秸秆处理的机械设备利用程度低、劳动力成本高、秸秆质地蓬松体积大而难以进入商品流通市场是秸秆基料化、秸秆商品化发展中存在的主要问题（卞同洋、陶红等，2009；石蕾、柯耀胜等，2010）。

2.3.5 促进秸秆综合利用的政策措施

针对目前我国秸秆综合利用中存在的问题，现有文献提出了一些政策建议促进秸秆的资源化、商品化发展，主要可以归结为以下几个方面：制定合理的秸秆综合利用规划（毕于运，2008；姜树，2009）；政府加强宣传和奖励引导机制（王铁琳，1996；孙万军等，2004；谭静等，2008；徐瑞英等，2008；马骥、秦富，2009；卞同洋、陶红等，2009）；加大行政监管力度并结合市场调节手段（李冰等，2004；潘涌璋，2005；郑凤英、张英珊，2007；马骥、秦富，2009；卞同洋、陶红等，2009）；加强秸秆综合利用新技术的研发（陈新锋，2002；赵学平、陆迁，2006；梅付春，2008；石蕾、柯耀胜等，2010）；完善补贴制度（魏延举，1990；姜树，2009；李建政，2011）。

2.4 对本研究的启示

秸秆的综合利用是循环经济、低碳经济发展的一个子系统。在此进程中，农户是重要的行为主体之一，秸秆资源化、商品化的顺利实现，以农户收集秸秆为前提。

尽管近年来随着生态环境的恶化以及循环经济理论的完善，有关秸秆综合利用的研究已经逐步丰富，但纵观上述文献综述不难发现，现有关于秸秆的研究主要侧重于以下几个方面：一是采用不同方法对全国或各地区秸秆资源量的测算；二是对秸秆各种利用技术的研究；三是对秸秆各种利用技术的经济、社会、生态效益评价；四是对秸秆资源综合利用现状、问题的描述及对策建议；另外，虽有少量基于行为经济学理论的农户意愿及行为的研究文献，也主要是在政府禁烧秸秆的背景下，针对农户秸秆焚烧的意愿和动机的研究，而对农户利用秸秆的行为决策研究极少。

尽管政府鼓励秸秆的综合利用并禁止露天焚烧，但秸秆废弃焚烧的现象仍然较为普遍地存在，那么影响农户秸秆利用决策的因素有哪些？农户利用秸秆的实际过程中是否存在某些障碍？政府应当如何发挥作用？这些问题是更为实际且有意义的，找出答案是真正有利于加快秸秆综合利用的。

因此，本研究将从农户秸秆利用决策的影响因素、农户秸秆利用的意愿、意愿与行为差异形成的原因等几个方面拓展现有的关于秸秆综合利用的研究。需说明的是，秸秆综合利用中除农民以外，政府和龙头企业也是重要的行为主体，但受篇幅所限，本研究未包括龙头企业行为，也未研究农民、政府、龙头企业三者之间的相互关系。

第3章 理论基础与研究方法

本章的内容是阐述相关的理论基础，对主要概念进行界定，探讨实证分析的研究方法，并对本研究的数据作进一步的说明。

3.1 相关理论基础

根据研究需要，本节对农户处置秸秆行为决策的相关理论基础进行梳理，主要从农业循环经济理论、农户行为理论以及公共物品理论三个方面展开。

3.1.1 农业循环经济理论

3.1.1.1 农业循环经济的理论基础

农业循环经济与其他学说一样，具有相应的理论基础，本研究将其理论基础概括为生态系统原理、资源经济学原理、三种生产理论三个方面。

生态系统原理是循环经济最为重要的指导原理。生态系统研究的主要内容是能量流动和物质循环的各个环节（李振基等，2004），而食物链和食物网则是生态系统研究的主要途径。生产者满足消费者的需求，产生的废弃物通过分解者还原，这是一个完整的良性生态循环系统。农业循环经济所指的循环即指生态学意义上的循环，是从生态系统的角度考察人类农业生产活动，强调农业经济活动中的物质循环和代谢，强调农业生态系统和农业经济系统的统一，因为农业生态系统中同样也存在着生产者、消费者和分解者。利用生态系统食物链原理，以沼气池为例，可以构建农业循环经济发展的闭路食物链。生态环境为生产者提供生产各种农作物所需的生长环境及营养元素，人类和牲畜作为消费者消耗各类农产品，代谢产生的粪便等废弃物通过沼气池分解，此时沼气池就成为分解者，将矿物元素、可再生资源返还给生态环境，最终形成资源的可持续利用。

随着人类社会的发展和进步，对自然资源的需求迅速扩张，自然资源的稀缺性与人类社会发展的需求之间形成了尖锐的矛盾，人们单纯攫取和消耗自然资源的社会生产发展方式逐渐开始转变。在此背景下，产生了资源产业的概念，即从事资源再生产的产业。在资源产业中，垃圾对某个生产者或消费者而言没有任何价值，但对于其他生产者或消费者而言可能成为必要的资源。因此，传统意义上的垃圾成为了放错位置的资源。这为农业循环经济的发展提供了最具说服力的理论基础（杨文，2008）。具体到本书的研究对象农作物秸秆而言，秸秆就其本身来讲，只是农作物收获后的废物，而对畜禽而言，它可以成为很好的饲料；对下一茬农作物而言，它可以成为很好的有机肥料；甚至能够成为发电的介质，造纸的原料等。由此可以看出，秸秆的综合利用是典型的农业循环经济，是农业循环经济中的资源产业，同时从某些用途上看，秸秆利用不仅是农业循环经济，更延伸到低碳经济的范畴。

三种生产理论是相对于两种生产理论而言的。传统的两种生产理论仅包括物质资料的生产，以及人类自身的生产。其中，物质资料的生产是指，人类从环境中索取自然资源，再经过人类自身的生产过程产生消费再生物，即通过人类的劳动将自然资源转化为人类生活资料的过程；人类自身的生产是人类生存和繁衍的过程。这两类生产均以消耗自然环境提供的资源为前提，并随着生产活动的结束，产生废弃物返回环境。

然而随着生态环境遭到严重破坏，气候变化等问题凸显，两种生产理论表现出一定的局限性。在此基础上，三种生产理论认为，自然环境是人类生存发展的基础，应当是人类生产系统的一部分，因而生产理论应包括物质资料的生产、人的生产与环境生产三个层次。图 3 - 1 展示了人和环境组成的系统中，由人的生产、物质资料的生产以及环境的生产构成的三种生产。自然环境为人的生产及物质资料的生产提供生活资源及生产资源。物质资料的生产，产生人类生活所需的生活资料，同时产生废弃物返还自然环境；在人的生产过程中，人类消费物质生产提供的生活资料以及自然环境生产提供的生活资源，并产生人力资源支持物质生产和环境生产，同时，产生消费废弃物返还自然环境，产生消费再生物返还物质资料的生产；在环境生产过程中，则是在自然和人的共同作用下，通过加工废弃物及消费废弃物来维护和改善自然环境，以此实现三种生产的相互适应。以人类系统和自然系统的和谐共生、协调发展为核心，这是可持续发展的基本理论，也正是农业循环经济发展的最终目标。

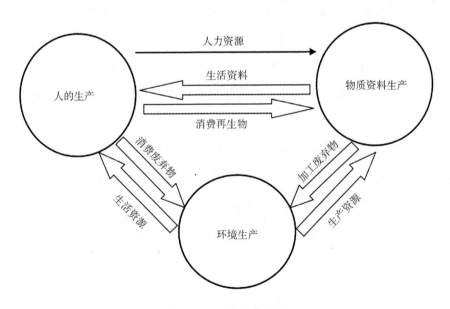

图 3 - 1　三种生产理论

资料来源：陈诗波. 循环农业主体行为的理论分析与实证研究 [D]. 华中农业大学，2008 (6).

3.1.1.2　农业循环经济的基本原则

与发展循环经济相同，农业循环经济的发展也需遵循"3R"原则，即减量化（Reduce）、再利用（Reuse）、再循环（Recycle）原则，以此实现从农业生产源头的预防到全过程的治理，从而达到节约、循环利用农业自然资源的目的。

所谓减量化，是为了达到既定的生产目的或消费目的，而在农业生产过程中减少资源投入量以及废弃物的产生量。农业上应用减量化原则进行生产的方法可以概括为"九节一减"，即节地、节水、节种、节肥、节药、节电、节油、节粮与减人（季昆森，2006）。

再利用原则，即对农业资源或产品以初始的形式多次利用。具体来讲，就是对各类农产品、土特产品、林产品、水产品及其初加工后产生的副产品及废弃物，利用生物技术、工程技术等进行开发，形成反复加工及深度加工，从而延伸产业链，提升农产品价值。以本书的研究对象农作物秸秆为例，将秸秆用作农户的生活能源和发电的介质等，实现秸秆的能源化；秸秆作为家畜饲料，并将秸秆和家畜排泄物还田，实现秸秆饲料化及肥料化；将秸秆用作食用菌种植的基料，可提高食用菌的营养价值；将秸秆用作造纸、板材加工等的原料，实现秸秆工业原料化。

再循环原则，即实现对生产或消费所产生的废弃物无害化、资源化、生态化循环利用。由此可以看出，秸秆还田、经过青贮氨化处理的秸秆饲料、微生物发酵的秸秆沼气等形式的秸秆综合利用，正是对再循环原理的充分应用。

此外，发展农业循环经济，还应坚持因地制宜、产业主导、创新支撑等原则（尹昌斌、周颖，2008）。

3.1.2　农户行为理论

在西方发展经济学家对农户行为进行分析的理论中，较具代表性的主要有舒尔茨的理性小农理论，科斯特的农户风险回避型理论，恰亚诺夫的劳役回避型理论等。

3.1.2.1 舒尔茨的理性小农理论

理性小农理论认为，发展中国家的农户虽然贫穷，但农户决策行为与企业决策行为并无多大差异，传统农业中生产要素的配置极少出现低效率的现象，农户行为完全是有理性的。因此，发展中国家的传统农业无法对国家经济发展做出贡献的原因是传统边际投入下的收益递减，而并非农户缺乏进取心、努力不足。进而舒尔茨提出，改造传统农业就应引进现代农业生产要素，这是促进经济增长的关键因素，其中的关键又在于技术变化。运用新古典经济学的利润最大化理论和舒尔茨的理性小农理论，可以解释农户的理性行为（见图3-2和图3-3）。

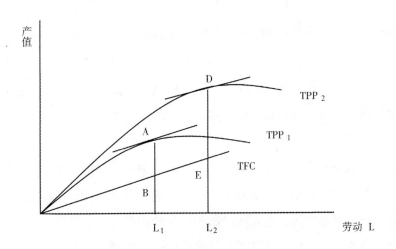

图3-2 舒尔茨理性小农理论模型

资料来源：陈玉萍，吴海涛．农业技术扩散与农户经济行为［M］．湖北人民出版社，2010 （11）：42.

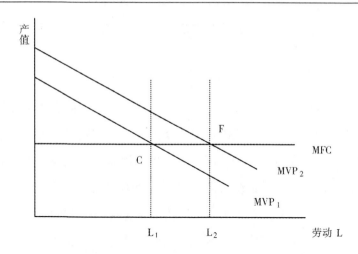

图 3 – 3　新古典经济学利润最大化原理

资料来源：陈玉萍，吴海涛．农业技术扩散与农户经济行为［M］．湖北人民出版社，2010（11）：42.

图 3 – 2 中，TPP_1 表示传统农业的生产函数，TPP_2 表示引入新的生产要素后农户的生产函数，TFC 表示劳动成本，短期内将劳动视为唯一可变的要素投入。图 3 – 3 中 MVP_1、MVP_2、MFC 分别是传统农业下和引入新生产要素后的边际收益曲线，以及边际成本曲线。作出最优决策，即实现利润最大化的条件为，边际收益等于边际成本。按照 Ellis（1998）的思路，将经济效率分解为技术效率和配置效率，来解释农户生产的行为。技术效率是农民可利用的各种技术中，使用一定量的生产投入所能达到的最高产量的技术；配置效率是生产技术选定后，投入和产出相对于价格的调整，即要素的边际收益等于边际成本[①]。图 3 – 2 中 TPP_2 显然比 TPP_1 具有更高的技术效率，但只有 D 点同时具有配置效率，从而具有经济效率；TPP_1 上只有 A 点具有配置效率，其他点既无配置效率也无技术效率。

从以上分析中可以得到一些启示：首先，农户会根据生产要素及产品的

---

① 弗兰克·艾利思．农民经济学：农民家庭农业和农业发展［M］．胡景北译，上海人民出版社，2006.

价格变化来提高配置效率，那么政府通过给予相关财政补贴、实行信贷优惠政策等手段来调节价格，可达到提高农户效率的目的；其次，如果在同个地区，相对于具有较高技术效率的农户，其他农户的低效率是因为其不了解新技术，那么政府应当加大对农民的培训和宣传力度，促进新技术的普及与推广。将其应用到秸秆综合利用的政策制定上，政府可通过给予相关补贴和优惠的信贷政策，促使农户采用秸秆利用的新技术，如秸秆还田、秸秆沼气等，同时加大宣传力度，提高农户的认知程度。

3.1.2.2　科斯特的农户风险规避型理论①

经济学中对风险具有明确的定义，如果某件事的发生能够用概率来表示，则称为风险。但在有关风险的经济分析中，风险的概念又并非建立在客观风险的基础上，而是决策者的个人感觉程度。具体到农户决策中，意指各个决策者对事件发生可能性的主观概率判断可能并不相同。

农户在作出采纳新技术的决策时会面临一定风险，图3-4描述了采纳新技术带来的收益不确定性。一种新技术，若行之有效能使农户获得较高产量，对应于图中的产量曲线 Y_1；若缺乏效率将降低农户产量，对应于图中的产量曲线 Y_2；Y是农户对采纳新技术可能出现的状况作出主观判断后，预期的总产量：

$$Y = P_1 \times Y_1 + P_2 \times Y_2$$

其中，P_1、P_2 分别为两种状况发生的概率，$P_1 + P_2 = 1$。

TC 表示农户的总成本曲线。当总成本曲线与总产量曲线的斜率相等时，农民可实现利润最大化。如果农民是风险偏好者，他将选择 X_1 的要素投入量，如果该项新技术行之有效，那么农民可获得收益 ab；如果该技术缺乏效率成为现实，那么在 X_1 的投入水平上，农民将遭受重大损失 bj。如果农民是风险中性的，他将选择 X 的要素投入量，如果该项新技术行之有效，那么农民可获得收益 fh；然而如果该项新技术缺乏效率成为现实，那么在 X 的投入水平上，农民将遭受损失 hi。对于风险中立的农户而言，如果技术有效，他

---

① 陈玉萍，吴海涛. 农业技术扩散与农户经济行为 [M]. 湖北人民出版社，2010 (11)：44.

将获得高于风险规避者的收益；如果技术低效，他遭受的损失也小于风险偏好者。如果农民是风险规避者，他将选择 X_2 的要素投入量，如果该项新技术行之有效，那么农民可获得收益 ce；如果该项新技术缺乏效率成为现实，那么在 X_2 的投入水平上，农民仍然能获得收益 de。对于风险规避型农户而言，无论技术有效或低效，他都能获得一定收益。因此风险规避型理论认为，由于农户生产规模小，抵御风险能力弱，大多是风险规避者。

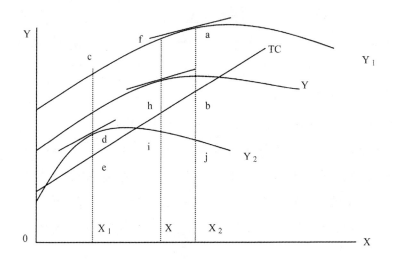

图 3-4　风险规避型理论模型

资料来源：陈玉萍，吴海涛．农业技术扩散与农户经济行为［M］．湖北人民出版社，2010
(11)：45.

从以上对风险规避型农户理论的分析中可得出一些启示：政府在制定政策时，需基于农户是风险规避者这一假定，借助一系列的政策工具帮助农户降低可能出现的风险，使农户获得更多信心接受并采纳新技术。具体到秸秆综合利用的政策制定上，如秸秆机械还田，还田初期农户需付出更高的成本，但是还田的效率是不明确的，结果有可能因为还田获得更高的产量而受益，也有可能因为存在技术缺陷而降低产量遭受损失。此时就需要政府加大科学技术研发力度，改进秸秆还田机具的性能，或结合给予一定财政补贴的政策，

用于腐熟剂等的购置，加快秸秆腐熟速度，提高秸秆还田效率，降低农户遭
受损失的可能性；并通过印发技术手册、办宣传栏、组织讲授培训等多种途
径增进农户对秸秆还田的认知。

3.1.2.3　恰亚诺夫的劳役回避型理论①

与舒尔茨的理性小农理论不同，恰亚诺夫等学者认为农户决策行为的目
的是为了生活而非追求"效益"，农户生产产品是为了满足家庭自给需求而
并非追求市场利润最大化，农户所追求的最大化是在家庭消费需求和劳动辛
苦程度之间寻求的平衡。恰亚诺夫以无差异曲线为工具，建立了农户家庭效
用最大化模型解释其理论，其模型的最大特点是农户的消费与劳动投入决策
受家庭人口结构的影响，即消费者与劳动者的比率决定了可能的最大劳动投
入以及可接受的最低收入水平。

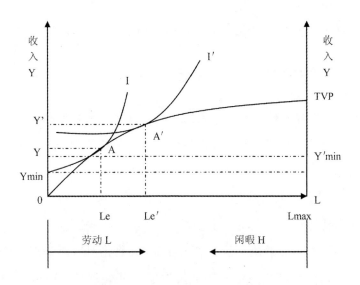

图 3 - 5　恰亚诺夫农户理论模型

资料来源：胡豹. 农业结构调整中农户决策行为研究——基于浙江、江苏两省的实证［D］.
浙江大学博士论文，2004：31.

---

① 胡豹. 农业结构调整中农户决策行为研究——基于浙江、江苏两省的实证［D］. 浙江大学博
士论文，2004：30 - 31.

图 3-5 中，横轴表示农户的时间禀赋，从左往右表示劳动时间，从右往左表示闲暇时间，纵轴表示农户的收入水平。TVP 曲线表示生产函数，记作 $Y = PY \cdot f(Le)$。I，I′表示两条在特定闲暇水平上的无差异曲线，记作 $U = f(Y, L - Le)$，无差异曲线的斜率 $dY/d(L - Le)$ 表示农户的主观工资率，即为了保持总效用不变，放弃一单位的闲暇所要求补偿的收入。Ymin 表示农户可接受的最低收入水平，如果收入低于该水平，农户将面临生存问题，因而闲暇无法替代劳动时间，所以在最低收入水平上，农户的无差异曲线为一条水平直线。劳役回避型理论认为，最低收入水平取决于农户家庭的消费者与劳动比率，如果纯消费者增加，则农户可接受的最低收入水平将会上升，因为家庭的消费支出增加。此时，根据最大化原理求解农户的生产决策：

$\max U = f(Y, L - Le)$，其中 $Y \geqslant Ymin, Le \leqslant Lmax$

实现均衡条件时，生产函数与最高可能的无差异曲线相切，劳动的边际产出等于主观工资率。即 $MUH/MUY = dY/d(L - Le) = MVPL$。

3.1.3 公共物品及外部性理论

本文研究的对象是秸秆的综合利用，其目的之一就是保护环境，这具有公共物品的属性，因此有必要了解相关公共物品的相关理论。本小节将从公共物品的概念、分类及外部性理论三个方面梳理相关理论基础。

3.1.3.1 公共物品的概念

对公共物品的研究历经了一个多世纪，但至今并没有形成统一的概念。与"公共物品"相对立的概念是"私人物品"，真正对这两个概念从现代经济学意义上作出严格区分与定义的经济学家是萨缪尔森（1954）。他认为，如果每个人对某种物品的消费都不减少任何其他人对该物品的消费，那么它就是纯粹的公共物品，并且公共物品具有消费的非排他性和消费的非竞争性两个本质特征①。随后，布坎南对这一定义进行修正，他认为萨缪尔森定义的公共物品是"纯公共物品"，而现实世界中大量存在的是介于公共物品与私人物品之间的一种商品，将其称为准公共物品或混合商品②。斯蒂格里兹则认为，"纯公共物品具有两个特点：一是对它们的理性使用不可能，二是对它们的理性使用也不需要"③。换言之，由于禁入的成本过高或其他原因导致排除某个个体对它的消费没有可能，并且一个人对该物品的消费没有减少其他人对该物品的消费，即消费具有非竞争性。由此可见，西方学者普遍着眼于消费的非竞争性与非排他性两个特征，对公共物品进行定义。

国内较为典型并被普遍采用的定义为："所谓公共物品，意指一个人对某些物品或劳务的消费并未减少其他人同样消费或享受利益。如国防、路灯、无线电广播、环境保护、新鲜空气等。公共物品的特性表现为消费的非竞争性与提供的非排他性。"④

3.1.3.2　公共物品的分类

公共物品具有多种分类方式，如以公共物品的非竞争性、非排他性程度为标准；或者按公共物品使用者的范围、公共物品产生外部性的情况、公共物品是否是人类的劳动结果等标准进行分类。结合本研究的特点，对公共物品进行以下分类。

按照公共物品是否同时具有非排他性、非竞争性，可以分为纯公共物品和准公共物品。同时具有消费的非排他性和非竞争性的物品就是纯公共物品，如国防、治安、法律、空气污染控制等，也可称为公有公益类物品，其他的物品则为准公共物品。进一步对准公共物品进行分类，消费上具有可排他性和非竞争性的准公共物品可称为俱乐部类公共物品，如戏院、图书馆、公共

---

① Paul A. Samuelson, "The Pure Theory of Public Expenditure", Review of Economics and Statistics, 36 (November), 1954, pp. 387 – 398.

② James M. Buchanan, "An Economic Theory of Clubs", Economics, 32 (Febuary), 1965, pp. 1 – 14.

③ Edward C. Kienzle, Study Guide and Readings for Stiglitzs Economics and Public Sector, W W Norton & Company. 1989, P. 3.

④ 胡代光，周安军. 当代西方经济学者论市场经济 [M]. 商务印书馆, 1996: 18 – 19.

俱乐部等；消费上具有竞争性和非排他性的公共物品，可称为公有池塘类公共物品，如公共池塘中的水、公用的草地资源、地下石油、矿藏、海洋等共同资源①。从此分类方式上看，治理秸秆污染属于纯公共物品。

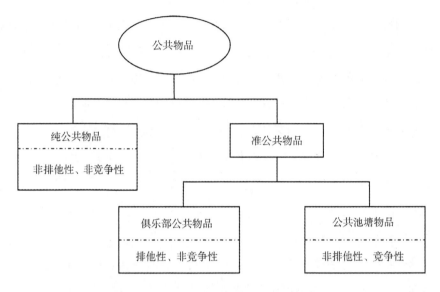

图 3-6　公共物品分类图（按特征分类）

按照公共物品产生外部性的情况，可分为具有正外部性的公共物品以及负外部性的公共物品。所谓外部性，是某个经济主体行为的成本或收益自动外溢到其他经济主体身上的现象。成本外溢表明存在负外部性，收益外溢则表明存在正外部性。如本研究的对象，秸秆污染具有负外部性，治理秸秆污染则具有正外部性。

3.1.3.3　外部性理论

众多经济学家给出了外部性的概念，如马歇尔、庇古、兰德尔等，本文采用萨缪尔森和诺德豪斯的定义，即"外部性是指那些生产或消费对其他团

---

① 埃莉诺·奥斯特罗姆著，余逊达、陈旭东译．公共事务的治理之道 [M]．上海三联书店，2000.

体强征了不可补偿的成本或给予了无须补偿的收益的情形"①。外部性是与公共物品密切相关的理论，但二者之间又存在区别。

首先，从外部性自身的特点来看，它具有独立于市场机制之外的特定属性，外部性的影响难以通过市场发挥作用。换言之，市场机制难以对露天焚烧秸秆的农户给予处罚，也难以对治理秸秆污染的农户给予补偿。即便从政策层面看，虽然目前秸秆综合利用的政策中包含秸秆焚烧处罚措施，同时部分地区具有秸秆禁烧的补贴，然而现实情况是，政府监管秸秆焚烧的成本非常高，并且秸秆焚烧的责任人难以明确，这就造成虽有处罚措施却难以执行的结果；而秸秆禁烧的补贴也并非是对治理秸秆污染的主体给予的补偿，而仅是一种激励措施。其次，外部性产生于行为主体的决策范围之外，因而具有伴随性，即外部性是一种"副"产品。例如，农户收获作物后露天焚烧秸秆，产生了环境污染，具有负的外部性，但农户焚烧秸秆并不以产生环境污染为目的。外部性是伴随着农户焚烧秸秆而产生的副作用，是市场机制容许农户在作出焚烧秸秆决策时可以忽视的行为结果，因为市场机制无法对农户焚烧秸秆造成成本外溢作出处罚。再次，外部性常常具有一定强制性。秸秆焚烧产生的环境污染，无论其他行为人是否愿意接受，都必须共同承担后果，即环境污染对人体健康造成的损害。最后，负外部性无法完全消除。如上文的分析，市场机制无法对造成秸秆污染的行为主体给予处罚，即便是政府通过制定相应的处罚和激励政策进行干预，其作用也是有限的。因此学者们认为，凡是存在外部性的地方都会导致市场失灵，而提高效率的根本途径是"外部效应的内在化"，即改变激励，使人们意识到自己行为的外在效应（周自强，2011）。

以上关于外部性特点的一些分析对于治理秸秆污染及推进秸秆综合利用的政策制定具有一定启示：农户焚烧秸秆仅是出于处置秸秆的需要，并不以污染环境为目的，因此在秸秆其他处置方式条件成熟的情况下，农户必然会

---

① 萨缪尔森，诺德豪斯. 经济学 [M]. 华夏出版社，1999.

放弃焚烧秸秆。但在此之前，其露天焚烧秸秆的行为事实上对其他居民强征了不可补偿的成本。由于环境保护是一种公共产品生产行为，具有较强的正外部性，其社会收益高于私人收益，并且通常还存在私人成本大于私人收益，如果行为主体得不到适当的补偿，其环境保护的积极性必然降低，这决定了在加快秸秆综合利用技术研发的同时，必须结合相关的政策措施才能治理秸秆污染，实质上是在对环境保护所付出的成本进行补偿的基础上，将经济效益和生态效益的外部性内部化。换言之，治理秸秆污染存在市场失灵的问题，政府实行干预是必要的，而强制性的行政管制和经济手段是政府介入的主要措施，其中财政补贴为最重要的经济手段，合理补偿标准的制定与补偿效果密切相关。因此，本书第 6 章中将试图分析测算在秸秆还田中江苏省政府的财政补贴水平。

3.2　相关概念

秸秆综合利用具有多种方式，根据农业部等部门的分类，主要包括秸秆肥料化利用、饲料化利用、能源化利用、基料化利用、工业原料化利用等。

肥料化利用技术包括秸秆机械粉碎还田、保护性耕作、快速腐熟还田、堆沤还田以及生物反应堆等方式。目前利用最为广泛的是为机械还田，是将收获后的秸秆切割或粉碎后，翻埋或覆盖还田。饲料化技术是通过利用青贮、微贮、揉搓丝化、压块等处理方式，把秸秆转化为优质饲料。其中，青贮、微贮是指利用贮藏窖等，对秸秆进行密封贮藏，经过物理、化学或生物方法处理制成饲料，饲喂牛、马、羊等大牲畜，并将其粪便还田，实现过腹还田。能源化利用技术包括秸秆沼气、秸秆固化成型燃料、秸秆热解气化、直燃发电、秸秆炭化活化、秸秆干馏等方式。基料化是将秸秆用作食用菌的培养料。工业原料化是将秸秆用作纸浆原料、保温材料、各类轻质板材的原料、可降解包装缓冲材料、编制用品等。可以看出，秸秆的综合利用技术已超出农业循环经济的范畴，而延伸至低碳经济产业。

从农户的角度看，农户的秸秆处置行为是指农户在作物收获后对秸秆的处理方式，它包括废弃焚烧和秸秆利用。其中，秸秆利用是改变传统的露天焚烧秸秆或将其弃置于路边、河道、沟渠边的行为，而对之加以利用，包括出售秸秆和自用。进一步对秸秆自用进行细分，则包括用作传统的生活燃料及饲料、秸秆沼气、秸秆还田。因此，农户秸秆处置行为可以以图 3－7 概括。

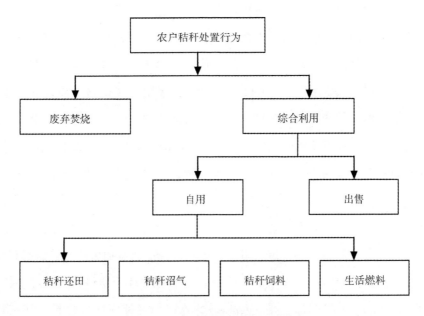

图 3－7　农户秸秆处置行为选择

3.3　研究方法

3.3.1　农户支付意愿的研究方法

农户秸秆还田的支付意愿实质是农户对环境资源的支付意愿。环境资源的总价值包括使用价值及非使用价值两部分，其中使用价值可细分为直接使用价格和间接使用价值，可以直接用市场价格来衡量；非使用价值可分为存在价值、遗产价值、选择价值等，其价值仅仅是人们从知道这种资源存在的满意中所获得的（张钦智，2009），因而无法采用市场价格来衡量，只能通过非市场价值评估的方法来解决。条件价值评估法（CVM）近年来被广泛应用于研究公众对环境资源的支付意愿（Willingness to Pay，WTP）或补偿意愿（Willingness to Accept Compensation，WTA），进而获得环境资源的非使用价值。

条件价值法是在假想市场的情况下，直接调查和询问人们对某一环境效益改善或资源保护措施的支付意愿或对环境或资源质量损失的接受赔偿意愿，以及以人们的 WTP 或 WTA 来估计环境效益改善或环境质量损失的经济价值（Mitchell，Carson，1989），是一种典型的陈述偏好评估法（焦扬、敖长林，2008）。

条件价值法的询价方式分为连续性条件价值评估法（Continuous CVM）和离散型条件价值评估法（Discrete CVM）两大类，连续性条件价值法包括开放式出价法（Open – ended）、支付卡式出价法（Payment Card）和投标博弈法（Bidding Game）；离散型条件价值法的询价方式主要为封闭式询价（Close – ended），具体可分为单界二分选择、双界二分选择、多届二分选择。

分类如图 3 - 8 所示。

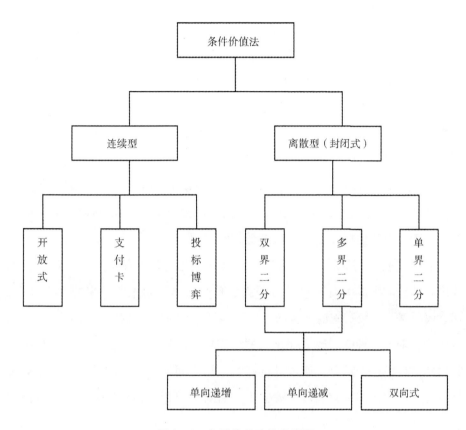

图 3 - 8 条件价值法的分类图

3.3.2 计量分析方法及讨论

3.3.2.1 匹配法（Matching）

利用传统的统计分析方法评估政策或项目的实施效果通常有两种方法：一是比较政策或项目实施前后观测对象的效果指标，该方法要求具备观测对象项目实施前后的数据，并且除了政策或项目实施的变化外，其他可能影响效果的因素都未发生变化，这显然是难以实现的；二是比较项目实施及未实施对象的效果指标，该方法的缺陷在于存在自选择问题。DID 和 Matching 是可能解决以上问题的方法。

倍差法（Difference – in – Differences，DID）是用来进行政策效果分析和项目评估的一种数量分析方法，目前被大量应用于各类改革执行效果的绩效评估，包括中国政府扶贫工作的影响（Albert，2002）、农村税费改革对农民收入的影响（周黎安，2002）、退耕还林等项目实施对农民收入及结构调整的影响（徐晋涛等、陶然等，2004）、农田水利灌溉项目对农民亩均收入的影响（马林靖，2008）等。

DID 模型以改革是一项"自然实验"（Natural Experiment）为假设基础，即要求样本是完全被随机选择的。如果某项政策或项目的实施使得部分群体受到影响，而其他群体不受影响或受到影响很小，那么该政策的执行就类似于"自然实验"。其中，受到政策或项目实施影响的群体称之为处理组，不受影响的群体则成为对比组。为了衡量政策或项目实施所带来的真实效果，DID 模型需要政策实施前和实施后的至少两个年份的数据，然后将数据分成政策变化前的处理组、政策变化后的处理组、政策变化前的对比组、政策变化后的对比组四个部分，通过进行四组数据之间的比较，即对政策变化前后处理组相关指标的变化量及政策变化前后对比组相关指标的变化量，所得差值即为政策实施的真实效果。

令 D_i 表示第 i 个农户的群体归属，即 $D_i = 1$ 表示该农户属于处理组 A；$D_i = 0$ 表示该农户属于对比组 B。再令 T 表示政策实施前后的虚拟变量，T = 1 表示政策实施后，T = 0 表示政策实施前。假定因变量 M 为要考察的政策效果，扰动项 ε 表示其他没有控制的影响被解释变量的因素。即可得对比组和处理组之间在政策实施前后的效果变化。用公式表示为：

$$M = \alpha + \beta_1 T + \beta_2 D_i + \beta_3 D_i \times T + \varepsilon \qquad (3-1)$$

其中，交叉项 $D_i \times T$ 表示观察值为处理组在政策实施后的虚拟变量，其系数 β_3 即为要考察的政策效果，称为 DID 估计量。其推导过程如下：

由式（3-1）可得到表示处理组和对比组的项目实施效果的两个模型，

对于对比组，$D_i = 0$，代入式（3−1）可得对比组的模型，表示为：

$$M = \alpha + \beta_1 T + \varepsilon \qquad (3-2)$$

那么，对比组在政策实施前的效果指标可表示为：

$$M = \alpha \qquad (3-3)$$

对比组在政策实施后的效果指标可表示为：

$$M = \alpha + \beta_1 \qquad (3-4)$$

由此可得，对比组表示项目效果的指标平均变化为：

$$dif_1 = \beta_1 \qquad (3-5)$$

同样，处理组有 $D_i = 1$，其模型可表示为：

$$M = \alpha + \beta_1 T + \beta_2 D_i + \beta_3 D_i \times T + \varepsilon \qquad (3-6)$$

那么，处理组在政策实施前的效果指标可以表示为：

$$M = \alpha + \beta_2 \qquad (3-7)$$

其在政策实施后的效果指标可以表示为：

$$M = \alpha + \beta_1 + \beta_2 + \beta_3 \qquad (3-8)$$

由此可得，处理组表示项目效果的指标平均变化为：

$$dif_2 = \beta_1 + \beta_3 \qquad (3-9)$$

因此，政策实施的净效果为：

$$dif_2 - dif_1 = \beta_3 \qquad (3-10)$$

对 DID 模型的估计方法主要有 2×2 方格分析法和计量模型估计法。2×2 方格分析法是 DID 的简单应用，可从中得出初步结论，其方法简要介绍如下。

表 3−1　2×2 方格倍差分析法

	政策实施前	政策实施后	政策实施前后的差值
处理组	a	b	b − a
对比组	c	d	d − c
同一时期的组间差异	a − c	b − d	DID =（b − a）−（d − c）

表中，b－a 是处理组在政策实施后考察变量的增量，d－c 是对比组在政策实施前后考察变量的变化情况，DID 即为政策实施所产生的净效果。2×2 方格分析法简单直观，但没有控制其他影响政策效果的变量，容易导致内生性问题，因此需要通过相关计量模型进行进一步检验。DID 的计量模型估计法包括混合截面数据模型的 OLS 及一阶差分方法、非观测效应面板数据模型的固定效应、一阶差分和随机效应模型等。

DID 方法虽消除了随时间不变的偏差和遗漏变量的偏差，但仍未能很好地解决内生性问题。某些不可观测的因素可能决定观测对象是否参加项目实施，而这些因素同时又对因变量产生影响，即存在某些变量同时对自变量和因变量产生影响。匹配法（Matching）可以解决这一问题，其核心在于：在是否参加项目实施不是随机选择而导致估计结果有偏的情况下，根据影响参加实验的可观测特征找出与处理组最为相似的参加组个体，从而将项目实施从对效果产生影响的其他因素中独立出来。匹配法的计算步骤是，首先根据参加组估计出个体参加项目实施的概率模型，再根据估计出来的概率 P_i 按照某种匹配方法筛选样本，得到具有与参加组个体无观察差异特征的为参加组，再分别估计项目实施对结果变量的影响。匹配法的具体算法包括最近邻居匹配法（Nearest Available Neighbor Matching）、卡钳匹配法（Caliper Matching）、Kernel 匹配法等。

3.3.2.2　COX 比例风险模型

生存分析法习惯将事件称为"失败"，是一种将"失败"发生与所历经的时间结合起来分析的统计分析方法，"失败"发生以前的时间即为生存时间。农户对秸秆还田支付意愿的调查资料则类似于生存分析法中的删失数据[1]，农户在拒绝秸秆还田之前，对其支付意愿的调查已经终止，因而只能得知其愿意秸秆还田的"生存时间"大于某一数值。生存分析法中的 COX

---

[1]　删失数据是指，在"失败"发生之前，被观测对象的观测过程终止，因而只能得知其生存时间大于某一数据。

比例风险模型，既能对农户支付意愿与其影响因素的关系进行分析，同时又无须事先确定支付意愿的分布类型，具有灵活的应用性（Michael，2000；An，2000），因此本研究采用 COX 比例风险模型进行农户秸秆还田支付意愿的实证分析。

应用比例风险模型的关键在于正确设定风险函数，如令 $f(p)$ 为支付意愿 p 值的概率密度函数，$F(p)$ 为其累计分布函数，则农户 i 在支付水平 p 上愿意接受的概率为：

$$S(p) = 1 - F(p)$$

据上文给出的生存时间的定义可知，$S(p)$ 正表示在 p 水平上的生存函数。如研究采用双向式的多界二分选择模型调查支付意愿，风险函数 $h(p)$ 表示农户秸秆还田的支付意愿为 P 的概率是其在 p 支付水平上不愿意支付，而在 $[p - \Delta p, p)$ 区间内愿意支付的条件概率极限，即：

$$h(p) = \lim_{\Delta b \to 0} \frac{Prob(p - \Delta p \le P < p \mid P < p)}{\Delta p} = \lim_{\Delta p \to 0} \frac{F(p) - F(p - \Delta p)}{\Delta S(p)} = \frac{f(p)}{S(P)} \tag{3-11}$$

也可将风险函数表示为：

$$h(p) = \frac{dlog(S(p))}{dp} \tag{3-12}$$

COX 比例风险模型则可表示为：

$$h_i(p, X_i, \beta) = h_0(p) exp(x_{i1}\beta_1 + x_{i2}\beta_2 + \cdots + x_{im}\beta) \tag{3-13}$$

其中，$h_i(p,X)$ 为第 i 名农户在支付水平 p 上受其他因素所构成向量影响下的风险函数，$h_0(p)$ 为所有影响因素取值为 0 时的基线风险函数，β 为影响因素的估计参数，其含义为当 X 变化一个单位时引起风险率变化倍数的自然对数值，如果系数为负，支付意愿与该影响因素呈正相关关系，因为采用的是比例风险模型，系数为负即表示随着 x_{im} 的增加，该受访者支付意愿的风险度降低，那么其支付意愿变强，反之，系数为正，支付意愿与其呈负相关关系。由式（3-12）、式（3-13）可得，任意点 p_j 水平上的生存函数为：

$$S(p_j, X) = exp(-exp(X\beta + \gamma_p)) , 其中, \gamma_p = ln\left[\int_{p-1}^{p} h_o(p)\,dp\right] 。$$

如农户在 p 支付水平上不愿意秸秆还田，但在 $[p-1, p)$ 的区间内愿意秸秆还田的风险率为 h_p，由 $S(p) = 1 - F(p)$ 可得：

$$h_p = 1 - exp\left[-exp(X\beta + \gamma_p)\right]$$

如果农户 i 的支付意愿超过间隔 $[p-1, p)$ 的概率为 $(1 - h_p)$，则农户 i 在第 j 个间隔内的似然函数为：

$$L = h_{ij}\prod_{p=1}^{j-1}(1 - h_p) = \left[1 - exp(-exp(X\beta + \gamma_{ij}))\right]\prod_{p=1}^{j-1}\left[exp(-exp(X\beta + \gamma_p))\right]$$

如果农户的支付意愿位于完整区间样本，则 $f_i = 1$，否则 $f_i = 0$ 表示右删失样本[①]，在此基础上可得总体样本的对数似然函数为：

$$lnL = \sum_{i=1}^{n}\left\{f_i ln\left[1 - exp(-exp(X\beta + \gamma_{ij}))\right] - \sum_{p=1}^{j=1}exp(X\beta + \gamma_p)\right\}$$

对其运用极大似然迭代法估计即可得到各因素的回归系数。

3.3.2.3　Binominal Logit 模型

本研究在第 7 章农户出售秸秆决策的影响因素分析中，使用了农户是否出售秸秆的虚拟变量。农户出售秸秆赋值为 1，未出售赋值为 0，是二元选择的因变量，因此采用了常用的二元选择因变量的 Logit 模型。

随后在对农户出售秸秆行为与意愿一致性的实证分析中，因变量设置为农户出售秸秆的意愿与行为是否一致的虚拟变量。具有出售意愿并且实际出售的，赋值为 1，具有出售意愿而实际未出售，赋值为 0，对这个二元选择因变量，同样使用 Logit 模型。

该模型假定二元选择的因变量服从逻辑（累积）分布函数。模型的具体形式为：

$$P_i = F(\alpha + \beta_j X_{ij}) = \frac{1}{1 + e^{-(\alpha + \beta_j X_{ij})}}$$

---

① 本文中 $[90, +\infty)$ 区间的样本为右截尾样本，其他区间样本为完整区间样本。

3.4　数据说明

本书前言部分已介绍了研究涉及的数据来源，本节具体地描述农户微观数据的收集、样本选择及问卷的调查内容等。

本研究的主要目标是考察江苏省秸秆综合利用中农户的行为决策，因此，样本选择的基本标准是：首先，当地农户有耕地，有秸秆处置的需求；其次，当地有秸秆综合利用的政策背景。基于此，本研究选择江苏省南京市江浦区、泰州市高港区及泰兴市、宿迁市泗洪县、沭阳县的乡镇作为样本点，对农户进行面对面的随机抽样问卷调查。在正式调查前，就农户的秸秆处置意愿和行为对 100 户农户进行了预调查。2011 年 9 月 20～30 日调查组完成了对泰州和宿迁地区的农户调查，涉及行政村包括泰州市兴隆、二埔、东江社区，泰兴市芮徐、杨芮、双赵、兴杨、中兴；泗洪县段庄、凤墩、梅花居委会、梅花村、前老、郭咀、川城；沭阳县官墩、尤庙、郁圩、代山。2011 年 12 月 20～24 日调查组完成对南京地区的农户调查，涉及行政村包括浦口双云村、候冲村、友联村、大林村。调查总共完成 658 份问卷，剔除中途中断回答、漏答关键问题和信息、家庭没有秸秆的问卷之后，最终获得 624 份有效问卷，其中，南京市为 216 份、泰州市为 202 份、宿迁市为 206 份。根据本书的研究目标和内容，调查内容包括七部分：

第一部分是农户的个人及家庭特征，主要包括受访者及户主的性别、年龄、受教育程度、家庭种植面积等。

第二部分是农户的农业生产基本情况，主要包括各种农作物的播种面积、单产水平、出售价格，以及生产要素投入等。

第三部分是农户的家庭收入情况，主要包括农业补贴收入、养殖收入、务工收入、经营收入及其他非农收入等。

第四部分是农户对秸秆综合利用的相关认知及态度，主要包括对秸秆焚烧的危害、秸秆还田所需条件、秸秆出售所需条件等的认知。

第五部分是农户处置秸秆的意愿及行为，主要是农户露天焚烧秸秆、用作生活燃料、还田、饲料、沼气、出售的意愿和实际行为；此外还包括农户出售秸秆的相关客观条件。

第六部分是农户秸秆还田的支付意愿，采取双向式的多界二分选择式获取。

第七部分是农户家庭的燃料消耗情况。

第4章　秸秆综合利用的政策
环境及资源量测算

本研究的目的是分析江苏省秸秆综合利用形成产业化发展过程中农户的行为决策，明确影响农户决策的因素，最终为实现秸秆资源化、商品化的政策制定提供科学依据。要分析这些问题，首先应了解江苏省秸秆综合利用的政策、资源总量与利用现状，这是本书的研究背景，即本章的研究内容。

4.1　秸秆综合利用的政策背景

随着人类社会经济的迅速发展，自然资源的稀缺与社会快速增长的需求形成了尖锐的矛盾。我国人均拥有的能源资源占世界平均值的40%，石油可采储量仅占世界石油可采储量的3%左右；2006年一次能源产量22.1亿吨，消费24.6亿吨，其中石油对外依存度达到49.27%，以上数据表明我国面临着严重的资源短缺问题。此外，经济快速发展的同时，生态环境遭到严重破坏。我国是世界上少数几个以煤为主要能源供应的国家，能源消费构成中煤炭占67%。我国二氧化硫排放总量的90%、烟尘排放的70%，是由燃煤造成的。这种大气环境污染不仅造成土壤酸化、粮食减产和植被破坏，而且引发大量呼吸道疾病，直接威胁人类身体健康（秸秆能源化利用产业发展相关政策介绍，国家发改委能源研究所，2009）。资源紧缺与生态环境的恶化等问题引发了人们对粗放型经济增长模式的担忧，可持续发展成为世界各国各地区的共识，发展循环经济、发展现代农业，建设资源节约型、环境友好型社会成为必然发展趋势。

4.1.1 国家关于秸秆禁烧和综合利用的政策背景

人们对秸秆问题的最初认识是环境问题，收获季节秸秆的大量焚烧造成了严重的空气污染，危害人体健康，同时每年秸秆焚烧引起的火灾等危险事件威胁了人民的生命财产安全。因此，治理秸秆问题的初期，政府工作重点在于"以堵为主"的秸秆禁烧，1999 年环保总局发布了《秸秆禁烧和综合利用管理办法》（以下简称《办法》），该办法旨在保护生态环境，防止秸秆焚烧污染，保障人体健康，维护公共安全，通知中明确了秸秆禁烧的责任主体、禁烧区域以及处罚办法等。随后全国各地以《办法》为指导开展秸秆禁烧工作。

然而在秸秆禁烧工作的实际开展中，人们逐步意识到以堵为主的秸秆禁烧无法从根本上解决秸秆污染问题。2007 年 5 ~ 6 月，国家卫星遥感监测数据表明，我国主要农区河北、河南、山东、江苏、安徽等省秸秆焚烧火点数分别为 280 个、1013 个、357 个、592 个和 557 个。秸秆禁烧作为一项行政命令执行的结果只能是农民偷偷焚烧或大量废弃秸秆于河道、沟渠边，进而又造成水体污染。与此同时，近年来建设节约型社会，发展循环经济、低碳经济理念的开始深入人心，人们由此认识到秸秆是一种"用则利，弃则废"的资源，秸秆问题不仅是环境污染问题，同时也是资源浪费问题，秸秆禁烧工作应当由"以堵为主"转变为"疏堵结合"，为秸秆谋到出路才是根本的解决办法。因此 2008 年，环境保护部、农业部发布了《关于进一步加强秸秆禁烧工作的通知》，将北京、天津、河北、河南、山东、山西、安徽、江苏、辽宁等省市作为重点禁烧区域，实行全面禁烧；同年，国务院发布了《关于加快推进农作物秸秆综合利用的意见》（以下简称《意见》），要求将推进秸秆综合利用与农业增效和农民增收相结合，通过加大资金投入、实施税收和价格优惠政策政策来加大政策扶持力度，大力推进秸秆产业化发展。《意见》中特别指出应加快建设秸秆收集体系，推进种（养）植业综合利用秸秆，发展以秸秆为原料的生物质能，如秸秆沼气、热解气化、固化成型及炭化、秸秆燃料乙醇等，以及发展以秸秆为原料的加工业。该《意见》首次较为全面地对秸秆综合利用工作作出了部署，指明了秸秆利用的发展方向，为江苏省秸秆的综合利用奠定了基础。

2008 年 10 月，为加快推进秸秆能源化利用，财政部根据《意见》印发了《秸秆能源化利用补助资金管理暂行办法》的通知，对于从事秸秆成型燃料、秸秆气化、秸秆干馏等秸秆能源化生产，满足相关条件的企业安排补助性资金，采取综合补助办法，支持企业收集秸秆、生产秸秆能源产品并推广向市场。

对于秸秆直燃发电的补贴办法，按照《发电价格和费用分摊办法》规定实行政府定价，具体补贴电价标准为每千瓦时 0.25 元。考虑到在该补贴标准下，秸秆直燃发电项目仍然亏损，2008 年 12 月 1 日国家发改委公布《关于 2007 年 10 月至 2008 年 6 月可再生能源电价补贴和配额交易方案的通知》，宣布纳入补贴范围内的秸秆直燃发电亏损项目按上网电量给予临时电价补贴，补贴标准为每千瓦时 0.1 元。

为贯彻落实《意见》，2009 年国家发改委、农业部起草了《关于编制秸秆综合利用规划的指导意见》（以下简称《指导意见》），指出编制秸秆综合利用规划应根据不同地区的资源禀赋、利用现状和发展潜力，明确秸秆开发利用方向和总体目标，因地制宜、合理布局，制定和完善各项政策。

为进一步落实《意见》，国家发改委、农业部、财政部又制定了《"十二五"农作物秸秆综合利用实施方案》（以下简称《方案》），该方案旨在加快农业循环经济和新兴产业发展，缓解资源约束，改善农村居民生产生活条件，增加农民收入，保护生态环境，应对气候变化，推动社会主义新农村建设。《方案》在测算我国秸秆资源总量和分析利用现状的基础上，总结了秸秆综合利用所面临的形势及存在的问题，进而确立了秸秆综合利用的指导思想、基本原则以及总体目标，并指出要突出重点领域，建设重点工程，从加强组织领导、完善政策措施、加快技术创新、强化宣传引导四个方面保障秸秆综合利用的顺利实施①。

随后，财政部、国家税务总局发布《关于调整完善资源综合利用产品及劳务增值税政策的通知》，其中包括对销售以农作物秸秆等为原料生产的木（竹、秸秆）纤维板、刨花板，细木工板、活性炭等自产货物实行增值税即征即退80%的政策。

4.1.2 江苏省关于秸秆禁烧及综合利用的政策背景

在2008年国务院发布的《意见》指导下，江苏省人大于2009年5月通过了《关于促进农作物秸秆综合利用的决定》（以下简称《决定》），决定明确了秸秆综合利用和禁烧工作的责任主体，指出秸秆综合利用是推进节能减排、发展循环经济、促进生态文明建设的一项内容，可见将秸秆综合利用工作提升到一定高度。结合江苏省实际，《决定》将秸秆机械化还田列为秸秆综合利用的主要方式，计划至2012年底，实现全省稻麦秸秆机械化全量还田面积占总面积的35%以上。同时，鼓励发展秸秆沼气、热解气化、固化成型、炭化、秸秆发电等生物质能源；扶持发展秸秆为原料的加工业及以秸秆为基料的食用菌生产。

2009年，江苏省先后发布了《秸秆禁烧工作方案》及《秸秆禁烧工作考核办法（试行）》，要求加强秸秆禁烧的责任落实制及监管力度，对组织领导、方案预案、宣传教育、综合利用、监测预警、应急处置、信息报送等内容进行考核。

2009年12月，江苏省在全国率先制定了《江苏省农作物秸秆综合利用

---

① 国家发展改革委有关负责人就《"十二五"农作物秸秆综合利用实施方案》有关问题答记者问，http://www.sdpc.gov.cn/xwfb/t20120104_ 455025. htm。

规划（2010～2015 年）》。以《方案》为指导，结合江苏省实际，要求秸秆综合利用首先要强化领导认识，加强组织领导；大力推进秸秆机械化全量还田外，积极发展秸秆能源化、原料化、饲料化、基料化等多形式利用，拓宽秸秆利用渠道；加大秸秆综合利用扶持力度，财政部门给予资金扶持，金融机构加大对秸秆综合利用项目的信贷支持力度，税务部门落实相关税收、电价补贴等优惠政策；强化宣传教育和执法检查。

2010 年，江苏省财政局、农业委员会、农机局发布了《关于做好 2010 年农作物秸秆综合利用示范县和推进县建设的通知》，要求在 2009 年示范、试点的基础上，2010 年继续按照 "1 + X"，即以秸秆机械化还田为主，结合其他多种形式利用的模式，突出重点，通过示范县和推进县建设，提高全省农作物秸秆综合利用率。对于省级秸秆综合利用专项补助资金实行目标考核和以奖代补，奖补资金主要用于秸秆机械化全量还田和秸秆能源化利用等项目建设补助。要求各地加强秸秆综合利用的组织领导；完善考核机制，规范资金使用；强化宣传培训，营造良好氛围。此后，江苏省财政局、农业委员会、农机局多次发布秸秆综合利用示范县、推进县考核工作的通知，以促进秸秆综合利用项目建设。

4.1.3　江苏省秸秆综合利用的政策支持

江苏省对于秸秆综合利用的政策扶持主要包括财政政策、税费政策、信贷政策以及土地政策。2011 年江苏省秸秆综合利用工作建设示范县 53 个，推进县 24 个。对于实施秸秆机械化还田的全省农机户、农机服务组织及相关农业企业，给予资金补贴；对秸秆固化燃料项目、秸秆收贮项目，给予资金补贴；对购置秸秆机械化还田机具，给予定额补贴。省财政总共投入 1.5 亿元，用于秸秆机械化还田，补贴 "蓝田沃土工程实施"，并对项目建设实行目标考核和以奖代补。

4.1.3.1 各地对秸秆禁烧的政策支持

南京市建立区县政府、镇街、村（社区）分片包干制度，推行领导包镇街、镇街领导包村、村组干部包户制度，以此建立秸秆禁烧责任制；并建立部门联动、区域防控的秸秆禁烧工作机制，提高禁烧监管水平。

泰州市以区为单位实现全面禁烧，并按每亩5元对区奖补，对于未实现全面禁烧（有火点、有乱抛）的各奖项实行一票否决，完成和超额完成任务的按各区加分总额分配奖金。

宿迁市要求市、县（区）、乡镇（街道办）、村组，层层签订秸秆焚烧与综合利用目标责任状，明确各级政府、部门、基层组织的目标任务，同时实行县（区）、乡镇（街道办）领导分片包干负责制；并由各级政府层层派出督查组，昼夜巡查秸秆焚烧。对全年未发生一起秸秆焚烧的乡镇（街道办），县（区）对领导班子奖励5万元，其中50%奖给主要领导；对未发生一起焚烧秸秆的行政村（居），奖励村（居）级领导班子1万元。对10%以上的村（居）发生秸秆焚烧的乡镇（街道办），对乡镇（街道办）领导班子罚款2万元；30%以上的，对乡镇（街道办）领导班子罚款5万元，并给予必要的记录处分。市财政每年安排100万元专项资金用于奖励。

4.1.3.2 对秸秆还田的政策支持

南京市将"禄口机场起降区周边、高速公（铁）路两侧、长江沿线两岸、中心城镇周边"划定为秸秆机械化还田的重点区域，除了原有的江宁区以溧水县的3镇纳入省级秸秆机械化还田补贴范围外，又新增了12个镇街享受市级补贴，因而纳入财政补贴的农田面积增至42万亩，其中，省级财政补贴30万亩、市级财政补贴12万亩，省市两级财政共投入332万元。对纳入补贴的15镇街和江宁全区农民秋收时秸秆还田，可享受每亩8元的财政补贴；对有组织开展秸秆机械化还田的农机专业服务组织和大户给予财政奖励。句容市市财政对购买大中型秸秆还田机给予每台500元的财政补助。

泰州市在全市全面推广秸秆综合利用技术，对不焚烧秸秆的农户给予适当奖励，对实行秸秆机械还田的农户按作业面积进行补贴，对购买秸秆还田机械的农民给予补助。海陵区九龙镇、姜堰市姜堰镇是省级秸秆机械还田示范乡镇，省财政对采取秸秆还田的耕地给予每亩 10 元的补助，姜堰镇对秸秆还田的耕地另外补助每亩 25 元，同时每亩无偿供应秸秆腐熟剂 2 公斤，用以加速秸秆腐烂。高港区出台了政府补贴购买还田机的政策，区财政投入 300 多万元专项经费，用于补贴还田机械的购买，在省财政补贴购买还田机的基础上，区、镇两级财政分别给予一定金额的补助。

宿迁市对超省项目补助计划指标购买秸秆回收综合利用的机械，如打捆机、秸秆还田机（含反转灭茬机）等，由县（区）财政按省标准予以补贴；对利用机械收割、留茬高度低于 5 厘米的，财政给予农机手每亩 5 元奖励，留茬高度高于 15 厘米的，给予农机手每亩 10 元处罚。

常州市以项目形式开展秸秆综合利用示范点建设，重点推广秸秆机械化全量还田，在秸秆机械化还田、新机具推广、典型示范、宣传培训等方面加大财政投入。

4.1.3.3　秸秆综合利用形式的政策支持

南京市对于秸秆有机肥生产企业、秸秆基料化生产企业、秸秆收贮运专业合作经济组织和农民经纪人大户以及秸秆制品等工业化利用、秸秆生物质能开发应用等重点项目均给予财政扶持。

泰兴市对开展集中收集输送利用农作物秸秆，具备"工商登记、计量准确、建账核算"条件的企业、合作组织或个人，给予秸秆收集输送利用补贴。规模要求年组织收集输送利用秸秆总量达 200 吨以上。

宿迁市对以秸秆为基料生产食用菌且规模在 20 万平方尺以上的种植大户，由县（区）财政对其建设冷库和购买菌种给予适当补贴；对供气农户500 户以上的秸秆气化站，除享受省补贴政策以外，县（区）财政一次性给予 50 万元的建设费补贴；对年消耗秸秆 30 吨以上的禽畜集中养殖区，县（区）财政按照每立方米 20 元的标准给予秸秆青贮补贴；对秸秆收储大户就近建立秸秆集中堆放场，当地政府给予土地政策支持，对集中堆放且年收储量达到 1000 吨以上的，由县（区）财政给每吨 30 元补助；对运输秸秆及其加工产品车辆，在遵守交通安全规则的情况下，交通、公安部门争取免受过路过桥费；对各地、各部门成立的秸秆综合利用研发中心，由同级财政给予5万元补助，同时，同级财政对科技成果转化实行每项成果5000元~2万元的奖励政策。

南通市国税局将通过手工或简单机器（草绳机）将农作物秸秆加工成草袋、草绳、草片、草垫、草墩等产品列入农产品初加工目录，享受项目所得免税优惠；将通过添加生物制剂将秸秆发酵制成肥料列入农产品加工目录，享受项目所得免税优惠；将秸秆发电项目列入环境保护、节能节水项目享受项目免税优惠。

4.1.3.4 省秸秆综合利用工作的考核办法

2011年江苏省农委、财政局、农机局下发《秸秆综合利用示范县推进县建设考核办法的通知》，考核实行双百分制，分别对组织管理及工作开展情况、资金筹措及使用管理情况、秸秆着火点情况、秸秆机械化还田工作情况、秸秆多种形式利用工作情况以及其他宣传、档案建立情况进行考核。其中，秸秆机械化还田考核内容包括落实机具满足作业要求，大中拖带秸秆还田机械需达到300亩/台套、手拖带秸秆还田机100亩/台套配备；机具及作业任务分解落实到重点乡镇；组织技术培训班1次以上；完成省下达的作业面积等。对于考核合格的按规定拨付尾款30%的奖补资金，考核不合格的停拨全部剩余奖补资金，并与下一年度省级奖补资金挂钩。

泰州市高港区以江苏省考核办法为依据，分别对村（居）、镇（街道）进行考核，考核内容包括组织领导、宣传发动、责任落实、全面防控以及利用加分。其中，全面防控为主要考核内容。实地检查中，长20米宽2米的认定为条状火点，着火面积达0.2亩的认定为块状火点，燃烧时间达20分钟的认定为点状火点。对于能源化利用、编制加工、机械化还田面积、麦套稻面积、堆放腐熟面积分别给予不同系数的加分奖励。对于新建成年消化万吨秸秆的制粒生产企业，给予奖补10万元，另奖补镇（街道）2万元。此外，在完成秸秆危害防控目标任务的基础上，秸秆综合利用达60%，享受市政府15

元/亩的能源化利用奖补，8 元/亩的机械化还田、麦套稻奖补；秸秆综合利
用达 80%，区政府对其实际秸秆能源化利用再奖补 15 元/亩，机械化全量还
田、麦套稻奖补 8 元/亩；秸秆综合利用超过 90% 的村（居），奖励 3 元/亩。
相应地，辖区内出现着火点和秸秆弃置于河道、沟渠、路边的镇（街道），
取消年终农业、环保评先资格，并扣减秸秆综合利用奖补资金，以及当年区
财政安排的转移支付资金。

　　从上述江苏省及各地区政府对秸秆禁烧及综合利用政策支持的总结来看，
各地已基本建立起严格的秸秆禁烧责任制，组织领导较为完善；且从过去
"以堵为主"的秸秆禁烧模式转变为较为合理的"疏堵结合"模式；秸秆综
合利用中，由于机械化还田最为便捷，易于操作，因而成为江苏省主要推广
普及的利用模式；以江苏省秸秆综合利用考核办法为依据，各地的相关考核
机制较为成熟。表 4-1 列举了我国及江苏省秸秆禁烧及综合利用的主要规范
性文件、通知及办法。

表 4-1　我国秸秆禁烧及综合利用的主要规范性文件、通知及办法

名称	颁布时间
环境保护局关于《秸秆禁烧和综合利用管理办法》的通知	1999.4
环境保护部、农业部关于《进一步加强秸秆禁烧工作》的通知	2008.4
国务院《关于加快推进农作物秸秆综合利用的意见》	2008.7
财政部关于《秸秆能源化利用补助资金管理暂行办法》的通知	2008.10
国家发展改革委、农业部关于印发 《编制秸秆综合利用规划的指导意见》的通知	2009.2
国家发展改革委、农业部、财政部制定 《"十二五"农作物秸秆综合利用实施方案》	2011.11
财政部、国家税务总局 《关于调整完善资源综合利用产品及劳务增值税政策的通知》	2011.11
江苏省人民代表大会常务委员会 《关于促进农作物秸秆综合利用的决定》	2009.5

名称	颁布时间
江苏省人民政府关于印发 《江苏省农作物秸秆综合利用规划（2010～2015 年)》的通知	2009.12
《江苏省秸秆禁烧工作考核办法（试行)》	2009.12
江苏省农委、财政局、农机局关于 《做好 2010 年农作物秸秆综合利用示范县和推进县建设》的通知	2010.4
江苏省农委、农机局、财政局关于 《开展 2010 年秸秆综合利用示范县、推进县考核工作》的通知	2011.1
江苏省农委、财政厅、农机局 《江苏 2011 年秸秆综合利用示范县推进县建设考核办法的通知》	2011.7

资料来源：根据本调查整理。

4.2　江苏省秸秆资源总量测算

农作物秸秆是指在农业生产过程中，稻谷、小麦、玉米等农作物收获之后，残留的不可食用的茎、叶等副产品（农业部，2009）。本书具体是指谷物、豆类、薯类、棉花、油料、麻类等农作物的秆、茎、叶、壳、芯；烟秆及残弃烟叶；甘蔗的叶、稍，甜菜的茎、叶；蔬菜瓜果的藤蔓及残余物；以及药材收获后的剩余物等。

4.2.1　秸秆资源量测算方法

对秸秆资源量的测算，一般是将农作物的生物量区分为农作物经济产量、地上茎秆产量、根部生物量三部分，分别计算各部分比重，再以农作物经济产量作为基础，采用草谷比法、副产品比重法或经济系数法计算。其中，农作物生物量是指农作物有机体的总重量；农作物经济产量是指人们需要的有经济价值的农作物主要产品的产量，也称为农作物主产品产量，即统计年鉴中的农作物产量；农作物地上茎秆产量即农作物秸秆产量，也称为农作物副产品产量。

4.2.1.1 草谷比法

草谷比是农作物茎秆产量与农作物产量之比，根据上文定义，也是农作物副产品与主产品产量之比，它是评价农作物产出效率的重要指标，是计算秸秆产量最为常用的方法。其计算式为：

$$R_G = P_S/P_E$$

其中，R_G 为草谷比，P_S 为农作物秸秆产量，P_E 为农作物经济产量。当农作物经济产量和草谷比已知，即可计算农作物秸秆产量。

4.2.1.2 副产品比重法

部分农作物副产品的产量，即秸秆产量可以根据其占农作物经济产量的比重来计算，如花生壳、稻壳等。其计算式为：

$$P_S = P_E \times R_{S/E}$$

其中，P_S 为农作物副产品产量，即秸秆产量，P_E 为农作物经济产量，$R_{S/E}$ 为农作物副产品产量占经济产量的比重。当农作物经济产量和副产品所占比重已知，即可计算农作物秸秆产量。

4.2.1.3 经济系数法

经济系数由 Donald 于 1962 年提出，是指农作物经济产量与总生物量的比值，也称为收获指数（HI），其计算式为：

$$HI = P_E/P_T$$

其中，HI 为农作物经济系数，P_E 为农作物经济产量，P_T 为农作物总生物量。

经济系数与草谷比的关系为：$R_G = (1 - HI - R_R)/HI$，其中，R_R 为农作物根部生物量占总生物量的比重。由于 $R_G = P_S/P_E$，则 $P_S/P_E = (1 - HI - R_R)/HI$，由此可得利用农作物经济系数计算秸秆产量的公式：

$$P_S = P_E \times (1 - HI - R_R)/HI$$

当某些农作物不考虑根部生物量，即 R_R 近似地取值为 0 时，农作物秸秆产量的计算式可简化为：

$$P_S = P_E \times (1 - HI)/HI$$

4.2.2 江苏省秸秆资源量的测算

目前国内很多学者测算秸秆资源量仅统计了粮食、油料、棉花等作物，而我国农作物包括粮食、油料、棉花、麻类、糖料、烟叶、药材、蔬菜、瓜类、其他十大类，统计不完全导致秸秆资源量的估算结果不准确。此外，从上文对秸秆资源量测算方法的总结中可以看出，选取适当的农作物草谷比是准确测算秸秆资源量的关键。即使研究对象和年份相同，由于使用不同的草谷比取值，秸秆资源量的测算结果也可能出现显著差异。目前国内文献所依据的草谷比体系主要有四套：中国农村能源行业协会的草谷比体系；《农业技术经济手册（修订本）》中所列的草谷比体系；《非常规饲料资源的开发与利用》中给出的草谷比体系；《中国作物的收获指数》中给出的草谷比体系。毕于运（2010）进行农作物种植试验，并将试验数据与现有的草谷比数据比较分析，最终确定一套农作物草谷比体系。鉴于草谷比法是目前测算秸秆资源量的主要方法，且毕于运（2010）确定的草谷比体系是基于科学实验，并结合前人已有的研究而形成，结果较为合理。本书以此为依据测算江苏省的秸秆资源量，草谷比如表 4-2 所示。

表 4-2 农作物草谷比体系

项目	数值	变化范围	项目	数值	变化范围
早稻草谷比	0.68	±0.08	花生壳与花生产量比	0.28	±0.03
中晚稻草谷比	1.00	±0.18	油菜草谷比	2.7	±0.57
稻壳与稻谷产量比	0.21	—	芝麻草谷比	2.8	±0.53
小麦草谷比	1.3	±0.24	胡麻草谷比	2.0	—

项目	数值	变化范围	项目	数值	变化范围
玉米草谷比	1.1	±0.25	向日葵草谷比	2.8	±1.08
玉米芯与玉米产量比	0.21	±0.06	棉花草谷比	5.0	±2.46
谷子草谷比	1.4	±0.44	黄红麻草谷比	1.9	—
高粱草谷比	1.6	±0.28	苎麻草谷比	6.5	±1.47
其他谷物草谷比	1.1	—	甘蔗渣与甘蔗产量比	0.24	
大豆草谷比	1.6	±0.37	甘蔗叶稍与甘蔗产量比	0.1	
杂豆草谷比	1.6	—	甜菜渣与甜菜产量比	0.04	
马铃薯草谷比	0.96	±0.47	甜菜茎叶与甜菜产量比	0.1	
甘薯草谷比	0.63	±0.37	烟叶草谷比	1.6	
花生草谷比	1.5	±0.62	瓜菜草谷比	0.1	—

注：该套草谷比体系来源于《秸秆资源评价与利用研究》（毕于运，2010）。

　　农作物经济产量数据来源于2015年《江苏统计年鉴》，由于年鉴中药材统计只有种植面积而没有产量数据，且不同品种的药材计入秸秆产量的部分各不相同，因此本文对药材副产品产量的测算，依据其种植面积及当年蔬菜瓜果类作物秸秆的平均单产而来。2014年江苏省秸秆资源量的测算结果如表4-3所示。

表4-3　2014年江苏省秸秆资源量

秸秆种类	数量（万吨）	占秸秆总量比例（%）
1 粮食作物秸秆	4370.8	80.5
1.1 谷物秸秆	4235.70	78.11
1.1.1 稻草和稻壳	2313.52	42.66
1.1.1.1 稻草	1912.00	35.26
1.1.1.2 稻壳	401.52	7.40
1.1.2 小麦秸秆	1508.52	27.82
1.1.3 大麦秸秆	95.15	1.75
1.1.4 元麦秸秆	1.22	0.02

秸秆种类	数量（万吨）	占秸秆总量比例（%）
1.1.5 玉米秸秆	313.06	5.77
1.1.5.1 玉米茎叶	262.87	4.85
1.1.5.2 玉米芯	45.45	0.84
1.1.6 谷子秸秆	0.028	0.001
1.1.7 高粱秸秆	0.4	0.01
1.1.8 其他谷物秸秆	3.80	0.07
1.2 豆类秸秆	107.98	1.99
1.2.1 大豆秸秆	75.75	1.40
1.2.2 其他豆类秸秆	32.23	0.59
1.3 薯类藤蔓	27.12	0.50
2 油料作物秸秆	363.87	6.71
2.1 花生秧和花生壳	61.98	1.14
2.1.1 花生秧	52.23	0.96
2.1.2 花生壳	9.75	0.18
2.2 油菜秆	297.15	5.48
2.3 芝麻秸	4.74	0.09
3 棉秆	79.77	1.47
4 麻秆（苎麻秆）	0.75	0.01
5 糖类（甘蔗渣和甘蔗叶梢）	3.43	0.06
6 烟秆	0.0054	0.0001
7 药物残余物	6.34	0.12
8 蔬菜残余物	542.11	10.00
9 瓜果藤蔓	55.55	1.02
农作物秸秆总产量	5422.65	100

资料来源：根据《江苏统计年鉴》（2015）数据计算整理。

从表4-3中可以看出，2014年江苏省农作物秸秆资源总量约为5422.7万吨，粮食作物秸秆总量约为4370.8万吨，这与目前一般的估算结果差异较

大，如《江苏省农作物秸秆综合利用规划（2010~2015 年）》（以下简称
《规划》）中指出，江苏省秸秆年产量为 4000 万吨左右，以水稻、小麦、油
菜、玉米为主。而本文的测算结果表明，水稻、小麦是江苏省秸秆资源的主
要来源，其他占秸秆资源总量比重较大的依次为蔬菜残余物、玉米秆、油菜
秆和豆类秸秆，其比重分别为 42.66%、27.82%、10%、5.77%、5.48%、
1.99%。两者测算结果产生较大差异主要是因为《规划》未将蔬菜、棉花、
瓜果等农作物统计在内，而蔬菜秸秆占江苏省秸秆产量比重又较大。

从秸秆资源类型来看，水稻、小麦为江苏省粮食作物秸秆资源中的主要
来源，分别为 2313.52 万吨和 1508.52 万吨，仅这两类秸秆就占江苏省秸秆
资源总量的 70.5%，在粮食作物秸秆资源总量中所占比重分别为 52.94% 和
34.52%（见图 4-1）。

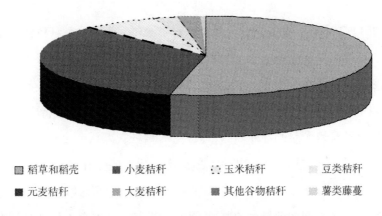

■ 稻草和稻壳　　　■ 小麦秸秆　　　▨ 玉米秸秆　　　▨ 豆类秸秆
■ 元麦秸秆　　　　▨ 大麦秸秆　　　■ 其他谷物秸秆　　▨ 薯类藤蔓

图 4-1　2014 年江苏省粮食作物秸秆资源构成

资料来源：根据《江苏统计年鉴》（2015）数据计算整理。

考虑到秸秆资源量年际间的变化趋势对秸秆资源的综合利用具有直接影
响，本文根据上述的草谷比体系，采用历年《江苏省统计年鉴》的农作物产
量数据，测算了 2000~2014 年江苏省秸秆资源总量以及粮食作物的秸秆资源
量，描绘了秸秆资源量的变化趋势（见图 4-2）。

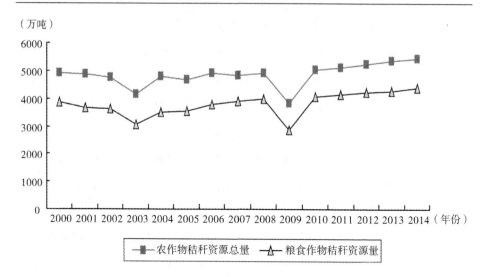

图 4 - 2 江苏省 2000 ~ 2014 年秸秆资源总量

资料来源：根据历年《江苏省农村统计年鉴》数据计算整理。

从图 4 - 2 中可以看出，由于粮食秸秆资源量占据全省秸秆资源总量比重较大，因而两者变化趋势吻合。2000 ~ 2014 年，江苏省秸秆资源总量较为平稳，年际间波动较小，除 2003 年及 2009 年资源量有所下降外，各年秸秆产量保持在 4500 万 ~ 5000 万吨，而 2010 年以后秸秆资源总量维持在 5000 万吨以上，粮食秸秆资源量则在 4000 万吨以上。秸秆资源总量大，且年际间基本保持稳定，是江苏省秸秆综合利用、形成产业化发展的有利条件。

分地区来看（见图 4 - 3），受农作物分布和产量的影响，江苏省粮食作物秸秆呈现出由南向北递增的阶梯式分布。苏南地区粮食作物秸秆资源量相对较少，约为 529.5 万吨，占全省粮食秸秆资源总量的 12%；苏中地区约有粮食作物秸秆 1164.4 万吨，占全省总量的 24%；苏北地区拥有的粮食秸秆资源量达到 2733.5 万吨，占全省总量的 63%。

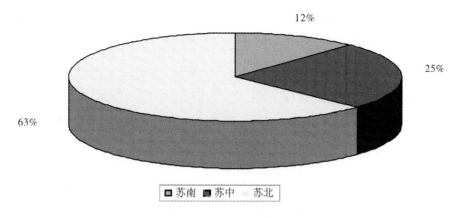

图 4 - 3　2014 年江苏省粮食秸秆资源地区分布

资料来源：根据江苏省 13 市 2015 年统计年鉴计算整理而来。

4.3　江苏省秸秆资源综合利用情况

4.3.1　江苏省秸秆资源综合利用总体情况[①]

据《江苏省农作物秸秆综合利用规划（2010～2015 年）》统计数据显示，2008 年江苏省秸秆综合利用量 2366 万吨，综合利用率 59%，其中，秸秆肥料化占 23%、能源化占 20%、工业原料化占 8%、饲料化占 5%、基料化占 3%。江苏省各市的秸秆综合利用情况描述如表 4 - 5 所示。

4.3.1.1　秸秆肥料化利用

秸秆肥料化包括秸秆直接还田和加工商品有机肥，直接还田又包括机械化还田、覆盖还田、快速腐熟还田、稻麦双套还田、堆沤还田等。江苏省秸

---

① 本节数据和材料主要来自江苏省政府办公厅发布的《关于印发江苏省农作物秸秆综合利用规划（2010～2015 年）的通知》，2009.5。

秆肥料化利用率为23%，苏南、苏中、苏北肥料化利用率分别为31.1%、22%、21.2%。由于机械化还田最便捷，易于推广操作，因而秸秆机械化还田是江苏省秸秆肥料化最主要的利用途径，表4-4描述了2009~2011年江苏省各市的秸秆机械化还田任务量。

表4-4 江苏省秸秆还田任务量

单位：万亩,%

地　区	2009年			2010年			2011年		
	还田面积		还田率	还田面积		还田率	还田面积		还田率
	稻	麦		稻	麦		稻	麦	
南京市	20	17	15.2	26	27	21.8	32	36	28.0
无锡市	16	14	17.9	20	22	25.0	25	25	30.0
徐州市	39	60	13.1	64	88	20.1	80	117	26.0
常州市	18	19	17.0	26	29	25.2	31	32	28.9
苏州市	20	19	17.1	25	25	21.9	28	36	28.1
南通市	36	44	15.0	60	74	25.0	69	81	28.0
连云港市	28	40	10.9	52	66	18.9	83	92	28.0
淮安市	51	50	12.0	77	91	20.0	120	133	30.0
盐城市	60	62	10.9	97	116	19.0	132	160	26.0
扬州市	43	45	15.1	68	78	25.0	85	90	30.0
镇江市	20	20	15.9	33	30	25.0	38	35	29.0
泰州市	37	40	14.0	54	57	20.1	82	78	29.0
宿迁市	37	42	11.0	60	76	18.9	90	112	28.1
全　省	425	472	13.1	662	779	21.1	895	1027	28.1

资料来源：《江苏省农作物秸秆综合利用规划（2010~2015年）》。

4.3.1.2 秸秆能源化利用

秸秆能源化利用主要包括秸秆用作农村直接生活燃料、秸秆直燃发电、秸秆沼气、气化、固化成型和炭化。2008 年，江苏省秸秆能源化利用约 800 万吨，占秸秆资源总量 20%，其中最主要的依然是传统的农村直接生活燃料，虽然从总量上看，秸秆用作直接生活燃料的数量最大，但其所占比例表现出下降的趋势。秸秆能源化利用中，秸秆发电的发展速度较快，至 2008 年，江苏省核准的秸秆发电企业为 28 家，其中 7 家并网发电，秸秆发电实际利用秸秆量约为 136 万吨（张兵、张宁，2012），但秸秆电厂经营多为亏损，主要依靠国家补贴维持运营；另外，江苏省建成秸秆气化站 72 处，主要分布在南京、徐州、连云港等地，年利用秸秆约 2 万吨。本研究的调查样本中，南京市江浦区候冲村为全国新农村建设示范村，建有 1000 立方米储气柜的供气站，可实现对 1000 户农户正常供气 2 天，每年为当地农户节约一半的能源购置费用；秸秆沼气方面，江苏省有 1 万多户使用秸秆沼气，利用秸秆量约 1 万吨；江苏省秸秆固化成型和炭化还处于起步阶段，秸秆年消耗量较小。

4.3.1.3　秸秆工业原料化利用

秸秆工业原料化利用，主要是指用于板材加工、造纸、建材、编制、化工等领域。2008 年，江苏省秸秆工业原料化利用量达到 320 万吨，占秸秆资源总量的 8% 左右。

4.3.1.4　秸秆饲料化技术

秸秆饲料化是指通过氨化、青贮、微贮、揉搓丝化等技术，增加秸秆饲料的营养价值，提高秸秆转化率，是发展节粮型畜牧业的有效途径。2008 年，江苏省秸秆饲料化利用秸秆量达 210 万吨，占秸秆资源总量的 5% 左右。

4.3.1.5　秸秆基料化利用

秸秆基料化包括用作食用菌基料、育苗基料、花木基料、草坪寂寥等，江苏省主要以食用菌基料为主。2008 年秸秆基料化消耗秸秆 116 万吨，约占秸秆资源总量的 3%。

表 4 – 5 　 2008 年江苏省秸秆综合利用情况

单位：万吨，%

地区	肥料化		能源化		工业原料化		饲料化		基料化		利用率	秸秆资源总量
	利用量	利用率	利用量	利用率	利用量	利用率	利用量	利用率	利用量	利用率		
南京	33	22.0	22	14.7	18	12.0	12	8.0	15	10.0	67	150
无锡	30	35.3	18	21.2	4	4.7	5	5.9	3	3.5	71	85
徐州	95	21.6	110	25.0	50	11.4	20	4.5	10	2.3	65	440
常州	36	27.5	25	19.1	7	5.3	8	6.1	4	3.1	61	131
苏州	42	34.1	37	30.1	11	8.9	5	4.1	1	0.8	78	123
南通	85	18.1	116	24.0	29	6.2	15	3.2	12	2.6	55	470
连云港	60	18.8	65	20.3	30	9.4	10	3.1	15	4.7	56	320
淮安	120	16.0	71	14.2	70	14.0	33	6.6	12	2.4	61	500
盐城	141	20.7	165	24.3	51	7.5	10	1.5	15	2.2	56	680
扬州	60	21.0	13	4.5	20	7.0	20	7.0	5	1.7	41	286
镇江	49	41.5	18	15.3	6	5.1	3	2.5	1	0.8	61	118
泰州	95	28.5	59	17.7	12	3.6	16	4.8	3	0.9	54	333
宿迁	74	21.15	81	21.6	12	3.2	53	14.1	20	5.3	64	375
合计	920	22.9	800	19.9	320	8.0	210	5.2	116	2.9	59	4011

资料来源：《江苏省秸秆综合利用规划（草案）》。

4.3.2　调查样本地区秸秆资源综合利用情况

本研究对分别位于江苏省苏南、苏中、苏北地区的南京、泰州、宿迁农村地区展开调查，本小节简要介绍各地区的秸秆综合利用情况[①]。

4.3.2.1　南京市秸秆综合利用情况[②]

南京市秸秆主要以小麦、水稻、油菜秸秆为主，三种秸秆年产量约为150 万吨。秸秆机械化还田、农业生产综合利用、生物质能综合利用是南京

---

① 本部分数据主要来自《江苏省秸秆综合利用规划（草案）》。

② 本部分数据部分来自施泽平：南京市农作物秸秆综合利用途径，《农家致富》2009 年第20 期。

市秸秆综合利用的三种主要模式,秸秆年消耗量约为100万吨,综合利用率约为67%。其中,秸秆机械化还田所占比重最大。2008年全市秸秆机械化还田20万～25万吨,约占秸秆总量的15%。

其次为农业生产综合利用模式,主要包括用于农作物栽培,即秸秆基料化;土壤培肥和改良,即通过堆沤、腐熟作为有机肥还田;畜禽养殖,即牲畜饲料过腹还田、以秸秆为垫料的牲畜发酵床养殖。由于南京市对秸秆种植食用菌的栽培技术推广力度较大,近年来秸秆基料化发展较快,年消耗水稻秸秆约20万吨,江苏省最大的蘑菇生产基地高淳县采用秸秆作为食用菌基料,年可消耗全县60%的水稻秸秆。堆沤、腐熟还田以及畜禽养殖两种利用年消耗秸秆约为全市秸秆总量的10%。

秸秆生物质能源化利用主要包括传统的农民直接生活燃料、秸秆气化、秸秆固化成型及炭化。其中,直接燃料所占比重最大,秸秆固化成型及炭化的年消耗量有限。

4.3.2.2　泰州市秸秆综合利用情况

泰州市以水稻、小麦秸秆为主,秸秆年产量约为333万吨。2008年秸秆年利用量约为185万吨,未利用量148万吨,利用率约为54%。其中,秸秆肥料化年利用秸秆95万吨,占秸秆资源总量的28.5%,是泰州市最主要的秸秆利用方式。其次为秸秆能源化利用,占秸秆资源总量的21.6%,除农村直接生活燃料占最大比重外,秸秆固化成型及炭化发展也较为迅速,仅泰兴市宝祥木炭厂一家年消耗秸秆量就可达4万吨。泰兴市为全国秸秆养殖示范点,年消耗秸秆16万吨,占秸秆资源总量的4.8%;工业原料化及基料化所占比重较小,共占秸秆资源总量的8.5%。

4.3.2.3　宿迁市秸秆综合利用情况

宿迁市稻麦种植面积约750万亩,秸秆年产量约为375万吨。宿迁市对秸秆的综合利用途径主要包括建设秸秆发电厂以及配套的秸秆初加工企业,年利用量约16万吨;建设3亿平方尺左右的食用菌栽培基地,消耗秸秆20万吨;推广秸秆还田机灭茬还田、超高茬麦套稻技术,年消耗秸秆74万吨左右；发展秸秆饲料化，年利用秸秆量53万吨。此外，宿迁市将秸秆综合利用与解决农民就业问题相结合，通过发展以秸秆为原料的加工业，如秸秆编制草帽、草包、草帘、秸秆壁画等工艺品，年消耗秸秆约10万吨。

4.4 江苏省秸秆综合利用中存在的问题及原因

本章前三节在测算江苏省秸秆资源总量的基础上，分析了秸秆综合利用政策的背景及发展历程，总结了江苏省及调查样本地区主要的秸秆综合利用支持政策，并描述了秸秆综合利用的情况。本节将在此基础上，探讨目前江苏省秸秆综合利用中存在的问题，并初步分析存在问题的原因。

4.4.1 江苏省秸秆综合利用中存在的问题

4.4.1.1 秸秆资源化、商品化程度低

无论是从江苏省综合利用情况的数据，还是从现有的支持政策上看，都容易发现，秸秆机械还田是目前江苏省推广的主要利用方式；能源化利用中，秸秆用作农民的直接生活燃料仍然占据最大比重；而秸秆工业原料化、饲料化、基料化以及生活燃料以外的其他能源化利用程度都处于较低水平。这表明对秸秆的利用还处于较为初级、简单的阶段，资源化、商品化程度有待进一步提高。

4.4.1.2 秸秆产业化水平低，缺乏龙头企业带动

秸秆得以成为名副其实的可再生资源，形成规模化利用，有赖于产业化发展的带动。然而目前社会资本投资秸秆开发利用的积极性不高，秸秆利用的龙头企业较少，且投入产出效率低，处于小规模、低层次水平。江苏省年利用量超过20万吨的规模化企业仅有江苏大新纸业一家，除秸秆直燃发电厂

以外，多数秸秆利用企业年利用量仅为 2 万吨左右。而本研究的测算结果表明，2014 年江苏省秸秆资源总量约为 5422.7 万吨。秸秆企业的年消耗量可谓杯水车薪，这也是秸秆商品化程度低的直接原因。

4.4.1.3　缺乏针对农民的支持政策

从本章总结的江苏省对秸秆综合利用的支持政策中可以看出，目前政府主要开展秸秆禁烧和综合利用工作的方式是落实责任制，通过对各县（区）以及基层政府发放相关财政补贴，实行以奖代补，对相关责任领导实行考核值，考核成绩与财政补贴直接挂钩，并给予一定的奖励甚至必要的处罚。换言之，是通过奖惩结合对相关领导产生激励机制，以推进秸秆综合利用工作的开展。另外，在秸秆各种利用方式上，有给予实施机械还田作业农机手的补贴；给予购置秸秆还田机具的购机补贴；对秸秆发电厂的电价补贴；对销售秸秆为原料货品的企业税收优惠；对秸秆固化成型、炭化等企业的固定资产购置补贴等，而直接针对农民，使农民直接受益的政策却十分匮乏。然而，秸秆综合利用最重要的主体就是农民，农民的积极性不高，显然不利于秸秆综合利用的长足发展。因此，这是江苏省秸秆综合利用中存在的一大问题。

4.4.1.4　秸秆收集贮运体系不完善

秸秆具有体积蓬松、分布分散、密度低、季节性强的特点，使得秸秆的收集贮存存在较大困难。在目前农村劳动力机会成本高、打捆机等配套设施缺乏的情况下，秸秆出售收益低，导致农户不愿意收集出售秸秆；如由企业自行收集运输，则需付出高昂的交易成本，而专业的秸秆收集贮运服务组织缺乏发展的动力，服务市场难以形成，并最终会制约秸秆的产业化发展，这也是目前秸秆资源化、商品化程度低的重要原因。

4.4.1.5　秸秆综合利用存在技术瓶颈

秸秆综合利用的一些关键技术还不成熟，如秸秆机械化还田机具效率不高，尤其是适宜农户分散经营的小型化、实用化机具技术缺乏；秸秆发电存在锅炉腐蚀、结焦和机组效率低下等问题；秸秆气化存在供气管网焦油清除，系统负荷率低等问题；秸秆固化成型及炭化存在生产设备可靠性差、耗能高，运行不稳定等问题。技术瓶颈是制约秸秆综合利用发展的关键因素，这需要加大科技支撑力度，加快相关技术、装备的研发。

4.4.2 江苏省秸秆综合利用存在问题的原因

农户、企业、政府是秸秆综合利用过程中的三个重要主体，因此对秸秆综合利用问题形成的原因分析也围绕这三个主体展开。

4.4.2.1 农户层面原因

农户对秸秆综合利用的认知及态度对秸秆实现资源化、商品化的进程具有重要影响。对江苏省的实地调查显示，仍有农户不知晓秸秆焚烧会污染环境、不了解秸秆还田；没有焚烧秸秆的农户多表示是由于政府监管太严而被迫放弃。可见，秸秆"用则利，弃则废"的观念尚未深入人心，这显然不利于秸秆综合利用的进程推进。

另外，农户利用秸秆的方式主要包括用作生活燃料、饲料、秸秆还田、秸秆沼气、出售，其利用秸秆的成本主要表现在：一是秸秆还田机具的购置成本或秸秆还田过程中花费的机械成本；二是秸秆沼气池的修建维护费用；三是秸秆出售过程中花费的劳动力成本及运输成本。农户利用秸秆需耗费较高的人力、物力、财力，成本过高；并且要实现收益，还存在机械约束、资金约束、技术约束、劳动力约束及市场约束等条件。

因此，农户对秸秆资源属性的认识不深，以及利用秸秆收益低且存在相关约束条件，是农户利用秸秆积极性不高的主要原因。

4.4.2.2 企业层面原因

秸秆分散在千家万户，如果由企业自行收集运输，需付出高昂的交易成本。此外，秸秆体积蓬松、占用空间大，且收获具有季节性，这对秸秆加工企业获得稳定原料来源和秸秆存储造成极大的困难。因此，专业的收集贮运服务体系缺失，是制约秸秆加工企业生存发展的重要原因，也是制约秸秆资源化、商品化发展的关键因素。

与此同时，秸秆综合利用未形成系统性研究，一些关键性技术难题尚未突破。例如，秸秆电厂生产设备技术落后，秸秆固化与炭化生产设备耗能高、关键部件寿命短等技术瓶颈也是阻碍秸秆综合利用进程的主要原因。市场条件、技术水平的双重不完善必然使得秸秆龙头企业难以为继，对秸秆的利用只能停留在生活燃料、直接还田的原始、初级利用方式上，秸秆资源化、商品化难以实现。

综上所述，秸秆收集贮运难，且存在技术瓶颈是制约秸秆企业发展的关键原因。

4.4.2.3　政府层面原因

秸秆问题引起政府重视的起因是随着粮食等作物增产，大量农作物秸秆无处可去，导致秸秆焚烧现象普遍，严重污染环境、威胁交通运输安全，因而 2008 年国务院《关于加快推进农作物秸秆综合利用的意见》发布后，各地政府以秸秆禁烧为重心，制订了详细的禁烧方案，加强领导、明确落实直接责任人；利用电视广播、横幅标语等手段加强宣传；成立督查组严格督查，并将秸秆禁烧工作作为考核村级工作的一项内容，奖惩兑现。严堵工作的开展使秸秆焚烧得到一定的治理，而促进秸秆综合利用的工作有待进一步加强。调查中发现，由于宣传引导不到位，农民对有关秸秆焚烧的危害、秸秆还田等利用方式的好处并不知晓，农民并未深刻认识到秸秆是一种"用则利，弃则废"的生物质能源，甚至部分地区对农户发放秸秆禁烧补贴，而农户却对补贴名目并不知晓，导致农民利用秸秆的积极性不高，禁烧使得秸秆成为农民的负累，结果是农民只得将秸秆收集堆放在自家门前等待腐烂，甚至是直接抛入河或堆在沟壑边，阻碍河道沟渠的行水、引发水体污染。

在利益补偿机制方面，各地政府缺乏明确、全面的财政税收补贴政策。现有的优惠政策主要有禁烧补贴、秸秆还田补贴和对秸秆综合利用企业的补贴，其中最主要是针对实施秸秆综合利用的企业进行补贴，很多地区秸秆综合利用补贴不能直接发放到农户手中，而是通过整乡或整村秸秆综合利用项目进行申报，相关补贴大多流入乡财政或村级财政，真正补贴到农户手中的微乎其微，这在一定程度上也降低了单个农户秸秆综合利用的积极性。

综上所述，宣传不到位以及对农户的补贴政策匮乏是政府工作中需要解决的问题。

4.5 本章小结

本章先后回顾了我国及江苏省有关秸秆禁烧及综合利用的政策，表明人们最初对秸秆问题的认识仅是环境问题，随着禁烧工作的开展以及循环经济、低碳经济发展的理念深入人心，人们意识到秸秆是一种宝贵的资源，因而政府开始积极推进秸秆综合利用，秸秆禁烧也由"以堵为主"转变为"疏堵结合"。然后基于草谷比法，较为准确地测算了包括蔬菜、棉花、瓜果在内的江苏省秸秆资源的总量，结果表明，2014 年江苏省秸秆资源总量为 5422.7 万吨。随后，本章概述了江苏省及本研究调查样本地区的秸秆综合利用情况，最后总结了目前秸秆综合利用进程中存在的主要问题：秸秆资源化、商品化程度低；秸秆产业化水平低，缺乏龙头企业带动；缺乏针对农民的支持政策；秸秆收集贮运体系不完善；秸秆综合利用存在技术瓶颈。

第5章 秸秆综合利用农户行为的成本收益分析

舒尔茨在《改造传统农业》中提出"传统农业贫穷而有效率"的假设，认为引入现代生产要素是改造传统农业的出路，而农民作为生产要素的接受主体，他们的行为选择取决于接受农业技术前后的成本收益比较①。这表明农民的技术选择行为具有强烈的目的性，追求利润最大化是其选择新技术的主要动力和行为准则。农户处置秸秆的行为决策即属于农民技术选择行为的范畴，农户选择何种秸秆利用方式取决于农户对各种处置方式的预期成本收益的比较，因此本章作为实证分析的第一部分，首先对农户综合利用秸秆的行为进行界定，然后对江苏省南京、泰州、宿迁地区农户不同秸秆利用方式的成本收益进行比较分析。

5.1 农户秸秆综合利用行为的界定

农民技术选择行为是指农民在特定的社会经济环境中，以利润最大化或效用最大化为目标，结合自身资源，通过对某项技术了解、评价并经认可和掌握，将该技术应用到农业生产实践中的过程，是为实现经济利益最大化而

---

① 西奥多·W. 舒尔茨，梁小民（译）. 改造传统农业 [M]. 商务印书馆，2006.

对外部经济信号作出的反应①。农户的秸秆综合利用行为也属于农民技术选择行为的范畴,是农民在水稻、小麦、玉米、油菜、棉花等农作物收获后,秸秆利用过程中进行的行为选择。

秸秆的利用方式多样,从具体用途方面看,包括秸秆肥料化、秸秆饲料化、秸秆能源化、秸秆工业原料化、秸秆基料化。其中,秸秆肥料化即秸秆还田,包括秸秆机械粉碎还田、保护性耕作、快速腐熟还田、堆沤还田,以及生物反应堆等方式;秸秆饲料化主要指通过利用青贮、微贮、揉搓丝化、压块等处理方式,把秸秆转化为优质饲料;秸秆能源化主要包括农村直接生活燃料、秸秆沼气、秸秆固化成型燃料、秸秆热解气化、直燃发电和秸秆干馏等方式;秸秆工业原料化主要包括用于板材加工、造纸、建材、编制、化工等领域;秸秆基料化是指将秸秆作为平菇、姬菇、草菇、鸡腿菇、猫木耳等食用菌的栽培基料。

从农户的角度进行分类,秸秆的综合利用方式主要包括生活燃料、饲料、秸秆沼气、秸秆直接还田、出售。生活燃料、饲料是传统的秸秆利用方式;秸秆沼气是以稻草、玉米等秸秆为主要原料,经微生物发酵作用产生沼气和有机肥料,秸秆入池后产生的沼渣还可作为有机肥料还田,即过池还田;秸秆直接还田有广义和狭义之分,广义的秸秆直接还田包括作物根茬残留还田和可收集利用秸秆直接还田,狭义的秸秆直接还田仅指可收集利用的秸秆还田(毕于运,2010)。概括而言,农户对秸秆的综合利用方式包括出售和自用,其中自用包括作为生活燃料、沼气、饲料、直接还田。需提出的是,废弃或露天焚烧秸秆是农户处置秸秆的方式之一,但不属于综合利用方式。

---

① 崔红梅. 农民秸秆利用行为选择:理论与实证分析 [D]. 扬州大学硕士学位论文,2010.

5.2　秸秆综合利用中农户成本收益分析的基本假定

成本收益分析法常被应用于环境政策分析，既适用于大型公共项目的投资分析，也可用于经济主体的决策行为分析，本章即采用成本收益法分析农户在秸秆处置过程中的行为决策。在应用成本收益法分析之前，需对农户的行为作出以下假定：

首先，农户是理性经济人。在理性经济人的假定下，农户以追求自身利益最大化为目标，即在给定的约束条件下，经济人必然最大限度地趋利避害，其基本的行为准则为预期收益大于预期成本，因而农户综合利用秸秆方式的决策行为取决于农户对各种利用方式的成本与收益的比较。设农户综合利用秸秆的成本函数为 C_i（$i =$ 生活燃料、秸秆还田、饲料、秸秆沼气、出售），第 i 种秸秆利用方式的收益为 R_i，则第 i 种秸秆利用方式的净收益 $NR_i = R_i - C_i$，$NR_i \geqslant 0$ 为农户选择秸秆利用方式的目标收益函数。

其次，农户只追求短期经济目标，环境污染等负外部性影响不计入农户的预期成本。秸秆的废弃焚烧会造成严重的环境污染，秸秆废弃将导致水体的富营养化；秸秆焚烧会污染大气、降低土壤肥力、破坏耕地墒情、烧死大量的土壤微生物、破坏农田生物群落。但是，环境资源是共有的，每个人都有权占有，可以按照自己的方式处置，具有消费非竞争性、受益非排他性、效用非分割性的公共物品属性，因而废弃焚烧秸秆造成的环境污染虽然使他人付出了代价，而农民却无须直接承担污染的责任，可将治污成本外部化。因此，农户作为理性经济人，只会在各种约束条件下追求短期经济目标，争取实现利润最大化，而废弃焚烧秸秆的负外部性影响不计入农户的预期成本。

最后，农户废弃焚烧秸秆可能遭受的经济处罚不计入农户的预期成本。

为加强秸秆禁烧工作，2008年环境保护部、农业部将各直辖市、省会城市及副省级城市所辖区域全部列入禁烧范围；北京、天津、河北、河南、山东、山西、安徽、江苏、辽宁等省市列为重点禁烧区域。各地政府以1999年《秸秆禁烧和综合利用管理办法》为依据，制定工作方案，部署禁烧工作，如江苏省沭阳县官墩村政府规定，对造成秸秆焚烧或污染水源的农户给予500元的经济处罚，并移交公安机关处理；对第一个违禁农户，进行加重处罚，对点火人给予800元的经济处罚，对看管不力的土地承包人给予500元的经济处罚，并依法追究法律责任。然而，在对农村的实地调研中发现，农户普遍具有"烧了也逮不着"及"法不责众"的侥幸心理，甚至部分农民反映"宁愿集体罚款也要集体焚烧"；此外，政府的监管成本高、识别焚烧户和明确责任人存在困难，最终导致政府严格处罚的措施难以执行。鉴于此，废弃焚烧秸秆可能遭受的经济处罚不应计入农户的预期成本。

5.3 秸秆综合利用中农户行为 成本收益的理论分析

从农户的角度看，秸秆的综合利用方式包括废用作生活燃料、饲料、沼气、秸秆还田、出售。不同的秸秆利用方式具有不同的成本和收益，农户对各种利用方式下成本收益的比较是其行为决策的依据。秸秆综合利用方式的相关成本与收益如表5-1所示。

表5-1 秸秆不同利用方式的成本与收益

秸秆处置方式	处置成本	处置收益	约束条件
生活燃料	劳动力机会成本	节约的其他能源的购置费用	时间

秸秆处置方式	处置成本	处置收益	约束条件
饲料	劳动力机会成本	节约的化学饲料的购置费用； 牲畜增产带来的额外收益	时间
沼气	劳动力机会成本	节约的其他能源的购置费用； 使用沼渣所节约的肥料购置 费用及农作物增产的收益	资金 技术
还田	机械成本	节约的化肥购置费用、 增产带来的收益	机械
出售	劳动力机会成本、 运输成本	秸秆销售收入	时间、机械 市场

资料来源：根据本研究分析整理。

　　秸秆综合利用的成本产生于利用行为的各个环节中。将秸秆用作生活燃料、饲料、沼气，都需经由农户收集、运输秸秆至家庭，因此其利用成本涉及收集打捆的劳动力机会成本和运输成本，调查中发现农户运输秸秆至家庭多采用农用三轮车或板车，其运输成本可忽略不计；出售秸秆的成本随着出售方式的不同而有所不同，当农户自行运输至秸秆出售点时，成本包括劳动力机会成本和运输成本，有人上门收购时，成本仅有劳动力机会成本；秸秆机械还田的成本主要为秸秆还田机的操作成本。

　　秸秆作为生活燃料，其主要替代能源为液化气或蜂窝煤，因此相关收益为节约的液化气或蜂窝煤的购置费用；秸秆作为饲料，一方面可减少化学饲料的添加量，另一方面可带来一定的牲畜增产，因此其相关收益包括节约的化学饲料购置费用及牲畜增产的额外收益；秸秆作为沼气，可以减少液化气或蜂窝煤的使用量，同时，秸秆入池后产生的沼渣还可作为有机肥料还田，从而减少化肥的施用量，并带来一定的作物增产，因此，秸秆沼气的相关收益包括节约的液化气或蜂窝煤与化肥的购置费用以及使用沼渣带来的作物增产的收益；秸秆还田的收益主要为节约的化肥购置费用以及作物增产的额外收益。

各种秸秆利用行为所历经的环节产生相关的处置成本，从而对农户利用秸秆形成一定的约束条件。秸秆用作生活燃料、饲料、沼气的成本为劳动力机会成本，因而其主要约束条件为时间。此外，秸秆沼气池的建设及日常维护需要相关技术支持，因而技术因素也构成秸秆沼气的约束条件。秸秆还田的处置成本为机械成本，因而机械为主要约束条件；出售秸秆的成本包括劳动力机会成本及运输成本，打捆机等设备的使用可节约劳动力成本，并提高农户出售秸秆的便利程度，运输成本随着出售方式及秸秆出售点距离的远近而变化，因此时间、机械、市场条件成为农户出售秸秆的主要约束。

5.4　江苏省秸秆综合利用农户行为的成本收益分析

本部分以秸秆产量丰富的江苏省为例，基于上文对农户秸秆利用行为成本收益的理论分析，利用对江苏省南京、泰州、宿迁农村地区实地调查获得的微观数据，详细比较农户各种秸秆利用方式的成本与收益，探讨农户行为的原因及现实中农户利用秸秆的障碍。

5.4.1　样市地区基市情况

江苏省地处东部沿海地区，耕地面积 7032 万亩，占全国的 3.85%。土壤类型以潮土、水稻土为主，适宜多种农作物生长。全省分为太湖、沿江、丘陵、里下河、沿海和徐淮六大农区，以种植水稻、小麦、油菜、玉米为主，是我国重要的农业产区。江苏省秸秆资源总量较大、品种多样，近年来秸秆年产量稳定在 4000 万吨以上，资源量位居全国第四。2014 年江苏省秸秆资源总量 5422.7 万吨，以水稻、小麦、油菜、玉米秸秆为主，占秸秆资源总量的 80% 以上。其中，水稻秸秆 2313.52 万吨，小麦秸秆 1508.52 万吨，合计占全省秸秆资源总量的 70.5%；油菜秸秆 297 万吨，占总量的 5.5%；玉米秸秆 313 万吨，占总量的 5.8%。全省秸秆资源量总体呈现由南向北逐步递增的趋势，苏南、苏中、苏北地区分别占总量的 12%、24%、63%。

自 2008 年环境保护部、农业部发布《关于进一步加强秸秆禁烧工作的通知》以来，江苏省各地政府开始加强秸秆禁烧的工作。2009 年江苏省在全国率先制定了秸秆综合利用地方性法规，先后发布了《关于促进农作物秸秆综合利用的决定》以及《农作物秸秆综合利用规划（2010～2015 年）》，一方面禁止在禁烧区内露天焚烧、将秸秆废弃于河道、湖泊、水库、沟渠等水体内，要求由环境保护行政主管部门、农业、城市管理行政执法等部门负责监督管理，乡（镇）人民政府和农村基层组织加强巡查，对于违法规定废弃、露天焚烧秸秆的给予数额不等的经济处罚或追究刑事责任；另一方面要促进多渠道利用秸秆，加大对秸秆综合利用的扶持力度。

在政府工作的积极开展下，2010 年江苏省秸秆利用量 3211 万吨，综合利用率约 65%，其中，秸秆肥料化约占 26%、能源化约占 22%、工业原料化约占 9%、饲料化约占 5%、基料化约占 3%，但仍有 1729 万吨尚未合理利用。据报道，2011 年夏收季节，南京六合区、仪征市、盐城、镇江、连云港等多地烟雾弥漫，空气重度污染，不少村民趁夜间大面积焚烧秸秆；南通大学附属医院收治了 20 多名因焚烧秸秆而烧伤的病人。可见，作为我国重要农业产区之一的江苏省，秸秆综合利用积极开展并取得一定成就的同时，焚烧秸秆的现象依然较为严重，具有较强的研究秸秆问题的代表性。

5.4.2　江苏省秸秆综合利用农户行为的成市收益

由于农户利用秸秆的各种方式所涉及的成本主要为劳动力成本，因此在度量处置成本前，需假设农户在本乡镇地域内或外出务工基本能得到工作的机会。在此假设前提下，对江苏省农户各种秸秆利用方式成本收益的相关数据作出以下说明：

5.4.2.1　江苏省秸秆综合利用农户行为的相关成本

（1）劳动力机会成本。

秸秆用作生活燃料、饲料、沼气、还田、出售几种利用方式之间相互存在替代，而农户利用秸秆与从事其他农业生产、农业经营或其他家庭经营活动、打工之间也存在相互替代的关系，因而本研究以扣除财产性收入、转移性收入的农民人均现金收入来度量农户各种利用秸秆方式的劳动力机会成本，即以农民人均工资性收入和人均家庭经营收入之和来度量劳动力机会成本。江苏省统计局数据显示，近年来江苏省农民现金收入持续增长，具体情况如表 5-2 所示：

表 5-2　江苏省农民人均现金收入及构成

农民人均收入	2005 年		2009 年		2010 年	
	绝对数（元）	比例（％）	绝对数（元）	比例（％）	绝对数（元）	比例（％）
现金收入	6682.3	100	9747	100	11138.5	100
工资性收入	2786.1	41.7	4238.5	43.5	4896.4	44
家庭经营收入	3470.6	51.9	4572.5	46.9	5068	45.5
财产性收入	150.4	2.3	325.6	3.3	398.9	3.6
转移性收入	275.2	4.1	610.3	6.3	775.2	6.9

资料来源：江苏省统计局。

为便于对江苏省各地区农户秸秆利用的成本收益进行比较分析，本研究采用江苏省统计局公布的 2011 上半年各地区的农民收入数据。2011 上半年，江苏省农民人均现金收入 6421 元，工资性收入为 3529 元，家庭经营收入为 2066 元，人均工资性收入及家庭经营收入之和占人均现金收入的 87%。苏南、苏中、苏北地区的现金收入分别为 9980 元、7850 元、4947 元，可估算出 2011 上半年苏南、苏中、苏北地区农民扣除财产性收入及转移性收入的人均现金收入分别为 8683 元、6830 元、4304 元。按上半年 180 天，扣除每月 4 个休息日及 8 天春节假期计算，苏南、苏中、苏北地区农民扣除财产性收入及转移性收入的日人均现金收入分别为 59 元、46 元、29 元，即苏南、苏中、苏北地区农户的劳动力机会成本约为 59 元/天、46 元/天、29 元/天。据调查，人工收集打捆一亩地的秸秆约需半个工作日；自行运输秸秆至收购点出售，运输及出售约需半个工作日，则南京、泰州、宿迁地区农户将每亩秸秆用作生活燃料、饲料、沼气的劳动力机会成本约为 30 元、23 元、15 元；每亩秸秆自行运输出售的劳动力机会成本分别为 59 元、46 元、29 元。

（2）机械成本。

机械成本是指稻麦秸秆机械还田的成本。秸秆机械还田包括稻麦根茬还田和可收集利用秸秆还田。根茬还田即采用旋耕机耕种，可收集利用秸秆还田是在联合收割机上安装切碎装置，收割时将秸秆切碎。根据对江苏省农村地区的实地调查，2011 年江苏省带切碎装置的收割机价格为 65 ~ 70 元/亩，较普通收割机贵 10 ~ 15 元/亩；耕种时须使用大马力拖拉机将秸秆深耕入土壤，否则会产生病虫害，价格约为 45 元/亩，较小马力拖拉机贵约 15 元/亩。因此，如果政府对农户的补贴水平为 0，则农户秸秆还田需多支付 25 ~ 30 元/亩的费用，考虑复种，则为 50 ~ 60 元/亩年。

（3）农户出售秸秆的运输成本。

农户出售秸秆包括自行运输秸秆至收购点以及中间人上门收购两种方式。如有中间人上门收购，则农户出售秸秆不产生运输成本。调查中发现，自行运输秸秆至收购点的农户多采用拖拉机运输，自有拖拉机运费约 0.3 元/吨公里，雇佣拖拉机运费则需 30 元/吨公里。由于秸秆体积蓬松，1 拖拉机只可装运约 1 亩地的稻草或麦秆。假设农户地块距秸秆收购点距离为 15 公里，自有拖拉机运输 1 亩地的秸秆费用约为 5 元/亩，而雇佣拖拉机运输费用则高达 450 元/亩。

（4）秸秆制沼气的利用成本。

秸秆制沼气的利用成本主要包括初期建设成本及日常使用中的投料成本。初期建设所需材料主要为水泥、沙子、碎石、钢筋、红砖等，此外还包括劳动力成本。据实地调查结果，以 6m³ 池溶的沼气池为例，其一次性投入的建设成本约需 2000 元。如预计沼气池使用寿命为 8 年，净残值 100 元，按照年限平均法计提折旧，则年折旧额约为 238 元。此外，在秸秆沼气池的日常使用中，1 m³ 约需 50 公斤秸秆，一次投料约可使用 2 个月，可估算全年约需 1000 公斤秸秆。则第一年使用秸秆沼气的成本包括初期建设成本的折旧费 238 元，以及收集 2 亩地秸秆的劳动力成本。

5.4.2.2　江苏省秸秆综合利用农户行为的相关收益

江苏省以小规模养殖鸡、鸭、猪等家禽家畜的农户家庭居多，他们并不需要秸秆作为饲料，而规模养殖户普遍不从事农业生产，则不存在秸秆利用问题，因此本研究不讨论秸秆作为饲料的收益。

（1）秸秆燃料的收益。

秸秆作为生活燃料的收益主要为节约的液化气或蜂窝煤的购置费用，江苏省农户较少使用蜂窝煤，因此以液化气的节约为主。经对调查数据的统计，江苏省农户每年平均消耗秸秆燃料 2000 千克，相当于 4 亩地的谷物秸秆，可节约 1/3 的液化气使用量。2011 年江苏省 14.5 千克瓶装液化气价格约为 100 元/瓶，三口之家全年平均约需 6 瓶液化气，则秸秆作为生活燃料可节约液化气 200 元/年。

（2）秸秆还田的收益。

秸秆还田的收益主要包括节约的化肥购置费用，以及还田带来的作物增产收益。我国每年生产秸秆 8 亿吨以上，这些秸秆中含氮 460 多万吨，含磷 125 多万吨，含钾 1100 多万吨（毕于运，2010），则每亩谷物秸秆（约计为 0.5 吨）含氮约 2.9 千克，含磷约 0.8 千克，含钾约 6.9 千克，大约相当于 12.5 千克的复合肥。2011 年中国复合肥价格约为 2400 元/吨（中国化肥网，2011）。由此可知每亩谷物秸秆直接还田可节约复合肥约 30 元，考虑复种，可节约复合肥 60 元/亩年。

在现有农业生产条件下，每公顷耕地还田秸秆 3～4.5 吨，持续 2～3 年平均可实现粮食增产 15%（毕于运，2010），即秸秆直接还田可实现亩产增产 15%，但该增收效果需 2～3 年的时间才能实现。江苏省统计局数据显示，江苏省水稻平均亩产约为 540 公斤/亩，小麦平均亩产 320 公斤/亩，以每年 5% 的增产量计算，每亩秸秆还田可实现水稻增产 27 公斤/亩，小麦增产 16 公斤/亩。2011 年江苏省水稻价格为 2.6 元/公斤，小麦价格为 2 元/公斤，则秸秆直接还田带来的作物增产年收益为 51 元/亩。

秸秆还田的总收益为 111 元/亩年。

（3）秸秆沼气的收益。

由于江苏省农户以液化气为主要能源，因此秸秆沼气的收益主要包括节约的液化气与化肥的购置费用，以及使用沼渣带来的作物增产的收益。南京市浦口区候冲村为全国新农村示范村，当地建有沼气集中供气站。据调查，秸秆沼气为 0.35 元/立方米，三口之家正常花费 30 元/月，而液化气则需 50 元/月，以此为依据计算，秸秆沼气可节约 240 元/年。

秸秆入池后的沼渣还田，是很好的有机肥料，可节约复合肥 60 元/亩年；同时还能使作物增产 5%～10%（谢祖琪、屈锋、梅自力，2006），取中间值 7.5% 计算，可使水稻增产 40.5 公斤/亩，小麦增产 24 公斤/亩，作物增产带来的额外收益共计 77 元。

秸秆沼气的总收益为 377 元/亩年。

（4）秸秆出售的收益。

秸秆出售价格随秸秆出售方式及秸秆水分含量的不同而有所变化。农户自行运输秸秆至收购点可以获得相对较高的收益；秸秆水分含量高，则出售价格略微向下浮动。据对江苏省农村地区的实地调查，农户自行运输秸秆至收购点，水稻秸秆的出售价格约为 200 元/吨，小麦秸秆的出售价格约为 160 元/吨。按水稻亩产 550 公斤，水稻秸秆系数为 1；小麦亩产 450 公斤，小麦秸秆系数 1∶1.3，折算成亩均收入，相当于水稻 110 元/亩，小麦 93 元/亩。

由中间人上门收购，农户出售秸秆的收益为 30～50 元/亩。

5.4.2.3 江苏省农户秸秆利用方式的成本收益对比

根据以上的数据说明，得出南京、泰州、宿迁地区农户各种秸秆利用方式的成本收益，分别如表 5-3、表 5-4 和表 5-5 所示：

表 5-3 南京地区农户自用秸秆的成本、收益对比

自用方式	相关成本		相关收益	净收益	
	含劳动力	不含劳动力		含劳动力	不含劳动力
秸秆燃料	120	0	200	80	200
秸秆沼气	298	238	377	79	139
秸秆还田	60	60	111	51	51

注：秸秆沼气的净收益未考虑沼气池的初期建设成本。
资料来源：根据本研究调查计算。

表 5-4 泰州地区农户自用秸秆的成本、收益对比

自用方式	相关成本		相关收益	净收益	
	含劳动力	不含劳动力		含劳动力	不含劳动力
秸秆燃料	92	0	200	108	200
秸秆沼气	284	238	377	93	139
秸秆还田	60	60	111	51	51

注：秸秆沼气的净收益未考虑沼气池的初期建设成本。
资料来源：根据本研究调查计算。

表 5-5 宿迁地区农户自用秸秆的成本、收益对比

自用方式	相关成本		相关收益	净收益	
	含劳动力	不含劳动力		含劳动力	不含劳动力
秸秆燃料	60	0	200	140	200
秸秆沼气	268	238	377	109	139
秸秆还田	60	60	111	51	51

注：秸秆沼气的净收益未考虑沼气池的初期建设成本。
资料来源：根据本研究调查计算。

从表5－3、表5－4、表5－5中可见，江苏省农户自用秸秆的净收益均为正，按照净收益由高到低的顺序排列依次为秸秆燃料、秸秆沼气、秸秆还田。而对比南京、泰州、宿迁三个地区，各种自用方式下包含劳动力机会成本的净收益按照由高到低顺序排列依次为宿迁、泰州、南京；不包含劳动力机会成本的净收益则相同，这是因为各种秸秆自用方式的收益相同，而南京地区的农民劳动力机会成本最高，宿迁地区最低。

表5－6 农户以自有拖拉机出售水稻秸秆的成本、收益对比

自有拖拉机运输	相关成本		相关收益	净收益	
	劳动力	运输		含劳动力	不含劳动力
南京	59	5	110	46	105
泰州	46	5	110	59	105
宿迁	29	5	110	76	105

注：相关成本中的运输成本是以运输距离为15公里作参照。

资料来源：根据本研究调查计算。

表5－7 农户雇用拖拉机出售水稻秸秆的成本、收益对比

雇用拖拉机运输	相关成本		相关收益	净收益	
	劳动力	运输		含劳动力	不含劳动力
南京	59	200	110	－149	－90
泰州	46	200	110	－136	－90
宿迁	29	200	110	－119	－90

注：相关成本中的运输成本是以运输距离为15公里作参照。

资料来源：根据本研究调查计算。

表 5 – 8　农户以自有拖拉机出售小麦秸秆的成本、收益对比

自有拖拉机运输	相关成本		相关收益	净收益	
	劳动力	运输		含劳动力	不含劳动力
南京	59	5	93	29	88
泰州	46	5	93	42	88
宿迁	29	5	93	59	88

注：相关成本中的运输成本是以运输距离为 15 公里作参照。
资料来源：根据本研究调查计算。

表 5 – 9　农户雇用拖拉机出售小麦秸秆的成本、收益对比

雇用拖拉机运输	相关成本		相关收益	净收益	
	劳动力	运输		含劳动力	不含劳动力
南京	59	200	93	− 166	− 107
泰州	46	200	93	− 153	− 107
宿迁	29	200	93	− 136	− 107

注：相关成本中的运输成本是以运输距离为 15 公里作参照。
资料来源：根据本研究调查计算。

　　上述表 5 – 6、表 5 – 7 显示了以自有拖拉机和雇用拖拉机方式下，南京、泰州、宿迁地区农户出售水稻秸秆的成本与收益。农户收集打捆 1 亩秸秆约需半个工作日，运输出售秸秆约需半个工作日，总计 1 个劳动力 1 个工作日。如果农户自家有拖拉机，则 15 公里以内的运输成本约为 5 元，如果农户需要雇用拖拉机，则 15 公里以内的运输成本约需 200 元。由此可得，如农户自家有拖拉机，南京、泰州、宿迁地区农户运输 15 公里以内的出售秸秆净收益（包括劳动力成本）分别为 46 元/亩、59 元/亩、76 元/亩，净收益均为正，宿迁地区净收益最高，南京地区净收益最低。如果农户需要雇用拖拉机运输，则三个地区的出售秸秆净收益均为负，农户得不偿失。

　　表 5 – 8、表 5 – 9 分别显示了以自有拖拉机和雇用拖拉机方式下，南京、泰州、宿迁地区农户出售小麦秸秆的成本与收益。如农户自家有拖拉机，南

京、泰州、宿迁地区农户运输 15 公里以内的出售秸秆净收益（包括劳动力成本）分别为 29 元/亩、42 元/亩、59 元/亩，净收益均为正，宿迁地区净收益最高，南京地区净收益最低。如果农户需要雇用拖拉机运输，则三个地区的出售秸秆净收益均为负，农户得不偿失。

如有人上门收购秸秆，虽然出售收益仅为 30～50 元/亩不等，但无须农户收集打捆、运输，其处置成本可视为零，因而净收益可达到 30～50 元/亩，与采用自有拖拉机运输的出售收益相当。

将江苏省南京、泰州、宿迁地区农户不同秸秆利用方式的成本收益分析结果汇总，如表 5 - 10 所示：

表 5 - 10　江苏省农户秸秆利用方式的净收益（包含劳动力成本）

利用方式	南京（元/亩）	泰州（元/亩）	宿迁（元/亩）
秸秆燃料	80	108	140
秸秆沼气	79	93	109
秸秆还田	51	51	51
自有拖拉机出售水稻秸秆	46	59	76
自有拖拉机出售小麦秸秆	29	42	59
雇用拖拉机出售秸秆	－ *	－ *	－ *
上门收购秸秆	30～50		

注：＊表示净收益为负。

资料来源：根据本研究调查计算。

表 5 - 10 可见，除雇用拖拉机至 15 公里处的秸秆收购点出售秸秆外，各种利用方式下，农户均能获得一定净收益。其中，作为生活燃料获得的净收益最高，其次为秸秆沼气。宿迁和泰州地区农户以自有农用拖拉机出售水稻秸秆能获得高于秸秆还田的收益，出售小麦秸秆或中间人上门收购秸秆与秸秆还田的收益相当；南京地区农户由于劳动力成本较高，出售秸秆的收益低于秸秆还田的收益。

5.4.3　江苏省农户秸秆利用的约束条件

从上文的成本收益对比分析中可以看出，农户将秸秆自用作生活燃料、沼气、还田都能获得一定的净收益，在一定条件下出售秸秆也能获得一定净收益，然而秸秆废弃、露天焚烧的现象仍然广泛存在，以秸秆制沼气的农户比例也极小，是农户行为违背了理性经济人的假定？还是现实中存在约束条件制约了农户利用秸秆？通过走访调查及对现实情况的分析，可以得出结论：

5.4.3.1　资金制约农户利用秸秆

秸秆沼气的收益虽然最高，但由于沼气池建设初期需投入建筑材料费、人工费等，总计约 2000 元，约占江苏省农民人均现金收入的 13%，且扣除每年的折旧费，其净收益并非最高。如果没有政府的财政补贴，完全依靠农户本身发展秸秆沼气显然不具可能。因此，资金问题制约了农户利用秸秆沼气。

5.4.3.2　技术制约农户利用秸秆

秸秆制沼气对于投料比例、温度控制等具有较高要求，如冬季温度过低，则难以产气。此外，秸秆沼渣的清掏也较难操作。缺乏专业的技术支持引导，使得户用秸秆沼气难以推行。

5.4.3.3　机械水平不高制约农户利用秸秆

秸秆直接还田目前主要存在的问题是秸秆还田机械缺乏、秸秆翻耕深度不够，影响下季作物生长。因此，即使农户具有秸秆还田的意愿，机械水平不高也将成为重要障碍。

5.4.3.4　市场约束农户出售秸秆

上文的成本收益分析结果看出，只有在有人上门收购，或农户自家有拖拉机运输秸秆的情况下，出售秸秆才能获益，否则收益为负。进一步将江苏省各地区出售秸秆的净收益与农户的劳动力机会成本相比较，南京地区农户出售秸秆的净收益约为 35 元/亩，低于其劳动力机会成本，苏中地区基本持平，只有宿迁地区高于劳动力机会成本。加之本研究测算的劳动力机会成本为江苏省平均水平，一些技术工的成本实则更高，自行运输出售秸秆的净收益微乎其微。出售价格过低显然严重抑制农户出售秸秆的积极性。此外，研究中运输成本以农户地块距秸秆收购点 15 公里为参照进行测算。如果距离更远，农户的净收益将更低。因此，市场条件是制约农户出售秸秆的关键因素。

5.5　本章小结

根据本章的分析，可得出如下基本结论：

第一，劳动力机会成本、相关机械成本、运输成本是农户利用秸秆的主要成本；因使用秸秆而节约的其他能源的购置费用，如液化气、蜂窝煤、化肥、农药等，以及因使用秸秆而带来的作物、牲畜增产收益为农户利用秸秆的主要收益。

第二，江苏省农户将秸秆作为生活燃料可获得最高的净收益，其次为秸秆沼气。宿迁和泰州地区农户以自有农用拖拉机出售水稻秸秆能获得高于秸秆还田的收益，出售小麦秸秆或中间人上门收购秸秆与秸秆还田的收益相当；南京地区农户由于劳动力成本较高，出售秸秆的收益低于秸秆还田的收益；雇佣拖拉机运输至 15 公里处的秸秆收购点出售秸秆，江苏省农户的收益将不足以弥补成本。

第三，资金约束、技术约束、机械约束、市场约束是制约江苏省农户利用秸秆，导致秸秆废弃焚烧现象广泛存在的症结所在。

第6章 江苏省农户秸秆
还田的实证分析

秸秆还田是农业循环经济发展的重要应用。理论上讲，持续的秸秆还田能够起到培肥土壤的作用，最终使得作物增产，同时有效地减少秸秆污染，并且实施秸秆还田相对较为便捷、易于推广，因而也成为政府大力推广的秸秆综合利用模式之一。本章将从两个维度展开对江苏省农户秸秆还田的实证分析，具体安排如下：首先基于 Matching 方法考察农户实施秸秆还田的效果，具体为对水稻、小麦产量的影响；然后分析农户秸秆还田支付意愿的影响因素，并测算农户秸秆还田的支付意愿值；最后得出本章结论。

6.1 江苏省农户秸秆还田的效果分析

当前秸秆综合利用的政策目标之一是要提高农业效益，增加农民收入。实现农民增收的途径主要包括：秸秆还田的种植增收、牛羊等秸秆养畜增收、出售秸秆增加的销售收入。理论上讲，秸秆还田能够通过培肥土壤，增加农产品产量，改善农产品质量，从而提高种植业投入产出效率，实现种植增收（毕于运，2010）。那么实际上江苏省农户实施秸秆还田的效果如何？秸秆还田是否带来了当地农户的水稻、小麦增产？这是本节所要研究的问题。

6.1.1　模型设定、变量选择

根据第 4 章对 DID 和 Matching 方法的讨论，DID 方法需要农户实施秸秆还田前后的数据，这要求实地调研中帮助农户回忆历史数据，其真实可靠性存在问题；同时，Matching 方法能够更好地解决农户秸秆还田自选择带来的因果干涉，因此本节将引入非参数的匹配法来分析秸秆还田对农户作物产量的影响。

根据 Rosenbaum 和 Rubin（1983）的研究，Matching 方法实际是要构造一种反事实情形。如在本研究中，农户实施秸秆还田后的作物产量为事实结果，而实施秸秆还田的农户在没有还田情形下的作物产量则为反事实结果。在此反事实的框架下，对于农户 i，其秸秆还田对作物产量的平均技术效应（ATE）可表示为：

$$\alpha_i = P \cdot \left[E(Y^1 | T = 1) - E(Y^0 | T = 1) \right] + (1 - P) \cdot \left[E(Y^1 | T = 0) - E(Y^0 | T = 0) \right]$$

上式表示，秸秆还田对农户作物产量的技术效应为秸秆还田农户和未还田农户技术效应的加权平均。其中，P 是样本中观测到农户实施秸秆还田（$T = 1$）的概率；Y^1 为农户实施秸秆还田的效应，Y^0 为农户不实施秸秆还田的效应。然而，反事实的 $E(Y^1 | T = 0)$ 以及 $E(Y^0 | T = 1)$ 是无法观测的。在不考虑秸秆未还田农户的情况下，考察秸秆还田农户的平均技术效应（ATT），需要构造一个反事实的结果 $E(Y^0 | T = 1)$。秸秆还田农户的平均技术效应（ATT）可表示为：

$$\tau_{ATT} = E(\tau | T = 1) = E[Y(1) | T = 1] - E[Y(0) | T = 1]$$

对于实施秸秆还田的农户而言，不可能同时观测到其还田和不还田的作物产量，而匹配法可以获得反事实的 $E(Y^0 | T = 1)$，其核心思想是：找到一组和实施秸秆还田农户的可观察特征相似的未还田农户进行作物产量的比较，由于两组农户特征相似，从而可以将作物产量的差异归因于秸秆还田的实施。

本书以小麦、水稻的单产水平作为因变量，农户是否实施秸秆还田为关键自变量；此外，小麦、水稻的种子用量、化肥用量、农药用量、劳动力和机械作业投入等是影响小麦、水稻单产的主要因素，因此也作为自变量。

6.1.2　样本描述统计

6.1.2.1　调查地区秸秆还田支持政策

秸秆还田是秸秆综合利用的一个重要内容，目前江苏省各地区对秸秆还田的政策支持力度各异。总体而言，秸秆还田补贴可以分为两大类，一是对农机手发放补贴，二是直接对农户发放补贴。本研究调查的地区中，南京市将禄口机场起降区周边、高速公路铁路两侧、长江沿线两岸、中心城镇周边划定为秸秆机械化还田的重点区域，区域内的农户秸秆还田可享受每亩 8 元的补贴。省财政对泰州市秸秆还田的耕地给予每亩 10 元的补贴，泰州市除对购买秸秆还田机械的农民给予机械购置补助外，对实行秸秆机械还田的农户按作业面积进行补贴，部分秸秆还田示范乡镇同时无偿供应秸秆腐熟剂。宿迁市除对购买秸秆回收综合利用的机械给予购机补贴外，对机械收割、留茬高度低于 5 厘米的，给予农机手每亩 5 元的财政奖励。

6.1.2.2　调查地区小麦及水稻单产水平

表 6－1 描述了 2011 年调查地区秸秆还田和未还田农户的小麦及水稻单产水平。从调查总样本来看，秸秆还田的农户比未还田的农户得到了更高的小麦单产水平，平均每亩高约 18.43 公斤；水稻单产水平则几乎没有差异，但分地区来看，南京、泰州地区实施秸秆还田的农户比未还田的农户具有更高的水稻单产水平，而宿迁地区出现了相反的情况。根据调查中的了解，秸秆还田后，宿迁地区农户水稻单产反而下降，主要是因为当地农户采用带切碎机的收割机收获小麦并将麦秆打碎后，以小马力的拖拉机耕种水稻，而由于机械及作业原因，麦秆翻耕不深，导致下一茬水稻种子无法落实，并易发生病虫害，从而影响水稻产量。

表6-1 2011年主要作物平均单产水平

地区	小麦（公斤/亩）		水稻（公斤/亩）	
	还田	未还田	还田	未还田
南京	355.48	336.29	552.05	538.31
泰州	410.35	391.65	585.14	572.36
宿迁	383.76	366.38	547.49	570.23
总样本	383.20	364.77	561.56	560.30

资料来源：来自本研究调查。

6.1.2.3 小麦、水稻的生产要素投入水平

表6-2描述了调查样本农户2011年小麦和水稻的亩均生产要素投入。表中可以看出，秸秆还田与未还田对农户生产要素的投入差别主要表现在机械作业量上，实施秸秆还田将增加机械作业费约30元/亩；此外，实施秸秆还田的农户施用了相对较少的化肥，而耗费了相对较多的农药费用。

表6-2 小麦、水稻的生产要素投入

生产要素投入	小麦		水稻	
	还田	未还田	还田	未还田
种子（公斤/亩）	13	12.5	6	4
化肥（公斤/亩）	75	77.6	85	88.5
农药（元/亩）	56.9	55	85.2	79.7
劳动投入量（日/亩）	3	3	5	5
机械作业量（元/亩）	110	80	110	80

资料来源：来自本研究调查。

6.1.3 实证分析结果

本节采用最近邻居匹配法估计的秸秆还田实施对农户小麦、水稻单产影响的结果，如表6-3所示。

表6-3 秸秆还田对农户作物产量影响的计量估计结果

	Matching 估计结果
1）小麦单产	
是否秸秆还田	9.62**
标准误	47.793
t 值	2.914
样本量	624
2）水稻单产	
是否秸秆还田	3.85
标准误	35.631
t 值	1.273
样本量	624

注：**在5%的水平上通过显著性检验。

资料来源：抽样调查资料。

　　匹配的平衡检验结果表明，匹配后的结果使还田和不还田农户特征的差异减少，匹配的质量较高。从最近邻居匹配法的估计结果看，秸秆还田对于小麦单产的影响在5%的水平上通过了显著性检验，秸秆还田使得小麦亩产增加了9.62公斤，大约相当于增产2.6%，这支持了张爱君（2000）、孙伟红（2004）、毕于运（2009）等秸秆还田有利用提高作物产量的研究结论，但2.6%的增产水平远远低于现有的可实现增产10%~15%的研究结论。对此可能的解释是10%~15%的增产幅度需持续秸秆还田2~3年，并结合施用适量有机肥、氮肥等，而调查样本中农户实施秸秆还田的时间不尽相同，对于刚实施秸秆还田的农户，作物增产的效果尚未显现。另外，对比秸秆还田与农户小麦单产水平的描述性统计结果，可以发现匹配法对秸秆还田实施效果的评估结果也较低，这是因为一般描述统计方法高估了秸秆还田的效果，匹配法将秸秆还田从其他影响作物单产水平的因素中独立出来，以考察秸秆还田对作物单产的影响，结果具有更高的可信度。

　　秸秆还田对水稻单产影响的估计结果未能通过显著性检验，说明秸秆还田没有显著增加水稻单产，这与小麦秸秆还田对水稻有明显的增产作用，增产幅度为 3% ~ 15.8% （洪春来、魏幼璋等，2003；李孝勇、武际等，2003；吴登、黄世乃等，2006；毕于运，2010）的研究结论相违背。可能的原因：上述结论是基于农学实验的方法所得出的理论结果，秸秆还田促使作物增产是以秸秆还田有效持续 2~3 年，并且配合施用适量有机肥、氮肥等为前提条件的，而调查样本地区尤其是宿迁地区，农户实施小麦秸秆还田后，采用小机耕种水稻，由于小麦秸秆翻耕不深导致水稻种子无法落实生长，并产生病虫害，最终使得水稻表现出减产的现象。

6.2　江苏省农户秸秆还田的支付意愿分析

消费者的福利取决于其所消费的私人物品以及政府提供的物品和服务，除此之外，环境资源经济学认为，消费者从环境资源中得到的非市场性物品和服务的数量及质量，如良好的大气环境，也会影响消费者的福利。当环境质量改善时，消费者的经济福利相应增加[①]。因而如果消费者认为通过某种方法能使其境况更好，比如改善空气质量，他就可能愿意付出一定资金以促使改善顺利进行，这种支付意愿就是消费者对某项改善环境资源质量服务的经济评价。

秸秆污染主要是指由于农户露天焚烧、废弃秸秆于河道沟渠边而引起的空气污染及水体污染，秸秆还田是防治秸秆污染较为便捷有效的途径。江苏省发改委等部门 2009 年制定的《江苏省农作物秸秆综合利用规划（2010 ~ 2015 年）》指出，加强农作物秸秆综合利用，是控制环境污染、保护生态环境的迫切需要，综合利用的主要任务之一是要推进秸秆机械化全量还田，到 2012 年全省稻麦机械化全量还田面积要占总面积的 35% 以上。因此，秸秆还

---

① 张钦智. 兰州市大气污染经济损失的支付意愿研究 [D]. 兰州大学硕士学位论文，2010.

田可视为改善生态环境、提高空气质量的服务。本章研究的支付意愿为农户对以秸秆还田防治秸秆污染所愿意支付的价格。

以秸秆还田防治秸秆污染的目标能否顺利实现，政府的实施力度和支持力度至关重要。目前江苏省各地区对秸秆还田的支持政策各异，按照补贴对象划分，主要可分为对农机手给予购机补贴，以及直接对农户发放秸秆还田补贴，其中以实施补贴农机手的地区居多。然而，农户对于秸秆还田具有自主选择权，农户对秸秆还田的认知以及支付意愿将直接影响秸秆还田防治秸秆污染工程的推进。如果农户支付意愿高于目前的实际还田费用，未来进一步扩大秸秆还田面积，治理秸秆污染就具有现实可行性；如果农户支付意愿达不到目前的实际还田费用，通过秸秆还田治理污染的目标就难以实现。因此，了解农户的支付意愿具有重要的现实意义。本节将对农户秸秆还田的支付意愿进行实证分析，首先分析农户秸秆还田支付意愿的影响因素；然后介绍对农户支付意愿的调查方法；描述农户秸秆还田的支付意愿分布及调查样本特征；最后采用 COX 比例风险模型实证分析农户秸秆还田的支付意愿，并测算农户的支付意愿值。

6.2.1　变量选择

效用最大化是农户的行为目标，预期成本收益就成为其行为决策的依据，而农户的客观支付能力、个人及家庭特征、农户对秸秆还田及秸秆其他处置方式影响的认知、政府政策、当地秸秆产业发展水平、机械化水平等因素又从不同方向影响农户的预期成本收益，进而对农户支付意愿的决策产生影响。

6.2.1.1　客观支付能力

农户的客观支付能力是指农户家庭的收入水平，对农户以秸秆还田防治秸秆污染的支付意愿可能产生正向影响。收入水平越高，农户的支付能力越强，秸秆还田受到的资金约束越弱，因而支付意愿也越高。本研究采用家庭人均总收入衡量农户的客观支付能力。

6.2.1.2 农户的个人及家庭特征

影响农户秸秆还田支付意愿的个人及家庭特征包括性别、年龄、受教育程度、家庭种植面积。

就性别而言，一般来说，女性的支付意愿可能低于男性。环境具有公共物品的属性，污染环境无须付出代价，而防止污染却需要付出一定成本，并且无法获得明确的收益。因此，更具节约意识的女性较男性可能具有更低的支付意愿。

年龄对农户秸秆还田支付意愿的影响类似于对农户秸秆出售决策的影响。年长的农户接受新信息的能力较差，习惯于传统的作物处理方式，年轻的农户一方面接受新信息的能力较强；另一方面，他们倾向于选择节约劳动力的生产方式（宋军，1998），机械还田能节省农户处理秸秆的时间，因而年轻的农户可能比年长的农户具有更高的支付意愿。根据调查样本特点，本研究对受访者年龄分层，分为39岁以下、40～49岁、50～59岁、60～69岁、70岁及以上的农户。

农户的受教育程度直接影响劳动力素质，具有较高文化程度的农户易于接受新技术，且可能更注重环境保护，因此受教育程度对农户秸秆还田的支付意愿具有正向影响。根据调查样本特点，本研究对受访者受教育程度分层，分为文盲、小学文化、初中文化、高中及以上文化程度。

根据对调查结果的经验判断，家庭种植面积对农户秸秆的支付意愿可能具有负向影响。调查样本中宿迁地区农户平均耕地面积为10.1亩（包括租种他人土地），远超过总样本5.8亩的平均水平，而宿迁地区因为家庭耕地面积大，秸秆还田需要支付更高费用而不愿还田的农户所占比例较大。根据调查样本特点，本研究将农户家庭的耕地面积分层，分为3亩以下，3～5.99亩，6～9.99亩，10亩及以上。

6.2.1.3 农户对秸秆还田及秸秆其他处置方式影响的认知

农户对秸秆还田以及对秸秆其他处置方式影响的认知程度越高，其通过秸秆还田的支付意愿也可能越高。调查中设计了三个问题考察农户的相关认知程度，包括露天焚烧秸秆是否污染环境、秸秆还田是否有利于环境保护、秸秆还田是否有利于作物生长。

6.2.1.4　政府政策

积极的政府政策对农户秸秆还田的支付意愿可能具有正向影响。基于环境资源具有公共物品的属性，在无外因干预的情况下，农户显然会倾向于与选择焚烧秸秆，因为无须付出任何成本，并且这是农户多年来处理秸秆的方式。要改变农户的行为，必然需要政府的推动。调查中对政府是否宣传过秸秆还田以及是否具有还田补贴进行询问，以此考察政策因素对农户防治秸秆污染支付意愿的影响。关于还田补贴对支付意愿的影响，其作用方向并不明确，一方面，还田补贴的发放可能会促进农户对秸秆还田的认识从而提高其支付意愿，另一方面，农户有可能因为政府有补贴而降低自身的支付意愿。

6.2.1.5　当地秸秆产业发展水平

当地秸秆产业发展水平对农户秸秆还田的支付意愿可能具有正向影响。秸秆产业发展程度越高，越有利于提升农户对秸秆资源属性的认识，从而提高农户秸秆还田的支付意愿。因此，研究选取当地是否有以秸秆为原料的企业来考察秸秆产业发展水平对农户秸秆还田的影响。

6.2.1.6　机械化水平

机械化水平主要是指当地秸秆还田机具的供给情况。目前江苏省秸秆还田的工序是联合收割机上加装切碎装置，收割时将秸秆切碎、抛洒在田间，后使用大马力拖拉机（后称大机）带反转灭茬机或旋耕机将秸秆深耕于地下。大机、反转灭茬机等还田机具的缺乏，将直接降低农户通过秸秆还田的意愿，调查中对村镇是否有还田的配套机器设备向农户进行询问，以此考察机械化水平对支付意愿的影响，同时也能反应农户对秸秆还田的认知程度。

6.2.1.7　地区虚拟变量

调查样本来自江苏省不同地区，地区经济发展水平不同可能对农户的支付意愿产生影响；此外，江苏省各地政府对秸秆还田的支持政策各异，也可能导致农户对秸秆还田的支付意愿产生差异，因此，选取地区虚拟变量纳入自变量。

综上所述，自变量的描述性统计及预期作用方向归纳于表6-4。

表6-4 自变量的定义及描述性统计

	变量名称	变量定义	均值	标准差	预期方向
客观支付水平	家庭人均总收入	家庭人均总收入实际调查值（元）	13713	557.9	+
农户个人、家庭特征	受访者性别	男=1，女=0	0.455	0.498	+
	受访者年龄	39岁以下=1，40~49岁=2，50~59岁=3，60~69岁=4，70岁以上=5	2.765	1.042	-
	受访者教育水平	文盲=1，小学=2，初中=3，高中及以上=4	2.359	0.932	+
	家庭耕地面积	3亩以下=1，3~5.99亩=2，6~9.99亩=3，10亩以上=4	2.358	1.045	-
农户认知	焚烧污染环境	是=1，否=0	0.926	0.262	+
	还田保护环境	是=1，否=0	0.868	0.339	+
	还田利于作物生长	是=1，否=0	0.787	0.414	+
村镇政府政策	政府宣传还田	是=1，否=0	0.818	0.386	+
	焚烧秸秆处罚	有=1，没有=0	0.637	0.481	+
	秸秆还田补贴	有=1，没有=0	0.806	0.273	不明确
秸秆产业发展水平	秸秆原料企业	村镇有以秸秆为原料的企业=1，没有=0	0.452	0.498	+
机械化	还田配套设备	村镇有配套设备=1，没有=0	0.587	0.493	+
地区	地区虚拟变量（D_1）	南京=1，其他地区=0	0.346	0.476	+
	地区虚拟变量（D_2）	泰州=1，其他地区=0	0.324	0.468	

资料来源：均值和标准差根据调查数据计算。

6.2.2　支付意愿的调查设计

条件价值评估法是国内外用于研究公众对环境资源的支付意愿或补偿意愿，从而获得环境资源的娱乐、选择、存在价值等非使用价值的标准方法（Bishop，Heberlein，1981），是通过若干假设性问题的安排，以问卷调查或实验的方式，直接询问受访者支付意愿。如果研究设计良好而且经过仔细的预审查，受访者回答这种评估应该能够得到有效的支付价格（Mitchell，Carson，1989）。而支付意愿（Willingness to Pay）的概念有众多学者做过表述，如 Cameron，James（1987）、Krishna（1991）认为支付意愿是顾客愿意对产品或服务支付的最大额度的金钱，Anderson（1996）将支付意愿定义为顾客愿意支付或转移到其他产品前所能容忍的最大价格，与此前的定义基本类似，但强调了顾客对价格的容忍程度。

条件评级法最初由 Ciriacy – Watrup（1947）提出，用于调查环境资源的使用价值与非使用价值，此后逐渐成为衡量非市场商品资源价值的重要方法，在环境经济的研究中占有一席之地。Davis（1963）应用条件评价法研究缅因州林地宿营、狩猎的娱乐价值；美国水资源委员会（1979）出台了在水资源规划中应用条件评价法开展成本——效益分析的原则和程序；美国国家海洋和大气管理局（1986）对于应用条件评价法测量自然资源的非使用价值或存在价值方面的可应用性进行了评估，并提出一系列的指导性原则。Mitchell、Carson（1989）汇总整理了 1963 ~ 1987 年关于应用条件评价法的文献，总计104 篇，主体涉及人体健康评估、空气环境质量评估、水质评价、污染防治、自然环境保护（Sellar，Stoll and Chavas，1985；Bishop and Boyle，1988；Kristrom，1990；Kramer and Mercer，1997）、自然景观游憩效益（Bishop，Heberlein，1979；Hanemann，1984；Cameron，James，1987）等，表明条件评级法在生态和环境价值评估中已得到了广泛应用。

条件评价法自 20 世界 80 年代引入中国，至今已有大量文献充实了此方面的研究。孙海兵（2010）研究了农户对耕地外部效益的支付意愿；靳乐山、郭建卿（2010）研究了农村居民对环境保护的认知及支付意愿；郭桂霞、董保民（2011）对吉林省污水处理项目的居民支付意愿进行实证研究；此外，还有对食品质量安全的支付意愿研究（王怀民、尼楚君，2011；彭晓佳，2006）、基于客户支付意愿的住宅产品决策研究（韩冬，2008）、农村居民生活垃圾管理支付意愿研究（戴晓霞，2009）。

上述文献综述表明，条件价值评估法适用于本章的研究内容。关于各种询价方法的具体介绍，已有大量相关的研究文献，本章将不再赘述。现有研究表明，双界和多届二分选择式询价法能更为准确地界定受访者的支付意愿范围。美国国家海洋和大气管理局（NOAA）将二分式选择推荐为条件价值法研究的优先格式（宁满秀，2006），并且认为双界二分选择法的样本容量至少需达到 400 份，才能保证支付意愿的稳定性和信度（孙香玉，2008）。本研究的有效样本数为 624，符合双界二分选择法的要求。鉴于以上原因，本研究采用封闭式询价法中的双向式的多届二分选择模式，来获取农户秸秆还田的支付意愿。具体调查方法如图 6-1 所示。

采用双向式的多界二分选择式询价，如果受访者在初始价格水平 P_1 上表示愿意支付，则调高一个价位至 P_{u1} 继续询问，如果受访者在 P_{u1} 上不愿意支付，则结束对其询问，支付意愿位于区间 $[P_1, P_{u1})$ 上；如果受访者在 P_{u1} 上愿意支付，则继续调高一个价位至 P_{u2} 询问，如果受访者在 P_{u2} 的价格上不愿意支付，则结束对其询问，支付意愿位于区间 $[P_{2u1}, P_{u2})$ 上。如果受访者在初始价格水平 P_1 不愿意支付，则降低价格至 P_{d1} 水平上询问，如果受访者在 P_{d1} 水平上愿意接受，则结束对其询问，其支付意愿位于 $[P_{d1}, P_1)$；如果受访者在 P_{d1} 上不愿意支付，则继续降低价格询问，以此类推。如果出现零值回答，则需询问其原因。需注意的是，多界二分选择法的询价方式无法直接观察到受访者的支付意愿确定值，只能观察到受访者是否愿意支付的决策，因此农户秸秆还田的支付意愿为一个半闭半开区间资料。

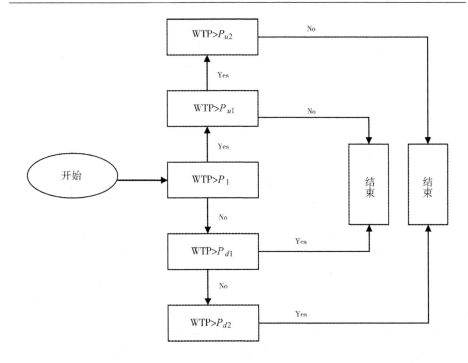

图 6-1 双向式的多界二分选择式调查 WTP 示意图

6.2.3 样市描述统计分析

6.2.3.1 农户的支付意愿分布

由于秸秆还田是现有条件下防治秸秆污染最为便捷有效的途径，也是农业循环经济发展的重要应用，因而本研究考察农户对秸秆还田的支付意愿。

秸秆还田方案下，收割时需使用带切碎装置的收割机，2011 年江苏省价格为 65～70 元/亩，较普通收割机贵 10～15 元/亩；耕种时须使用大马力拖拉机将秸秆深耕入土壤，否则会产生病虫害，价格约为 45 元/亩，较小马力拖拉机贵约 15 元/亩。因此，如果政府对农户的补贴水平为 0，则农户秸秆还田需多支付 25～30 元/亩的费用。在此背景下，以平均每亩还田费用为工具，采用双向式的多界二分选择法获取农户的支付意愿。

首先询问在 30 元/亩的价格水平上农户是否愿意支付，如果愿意，继续询问其在 40 元/亩的价格水平上是否愿意支付，如果不愿意，则停止询问，该农户的支付意愿位于区间 [30,40)；如果农户表示愿意，继续询问其 50 元/亩的价格水平上是否愿意接受，如果不愿意，则询问结束，其支付意愿位于区间 [40,50)；如果消费者在 30 元/亩的初始价格上不愿意支付，则询问其 20 元/亩是否愿意支付，如果愿意，询问结束，其支付区间位于 [20,30)；如果不愿意，继续降低价格询问，获得其支付区间。农户的支付意愿总体分布如表 6 - 5 所示：

表 6 - 5　农户支付意愿总体分布（多界二分选择式 WTP）

支付意愿（元/亩）	人数（人）
0	80
0 ~ 10	42
10 ~ 20	174
20 ~ 30	168
30 ~ 40	98
40 ~ 50	44
50 以上	18
合计	624

资料来源：来自本研究调查。

从表 6 - 5 中可以看出，农户秸秆还田的支付意愿主要集中于 10 ~ 30 元/亩，约占总样本数的 54%。进一步观察不同样本地区的农户支付意愿（见图 6 - 2），可以发现泰州与宿迁两地农户的支付意愿分布较为相近，而南京地区则表现出较大差异。相比泰州与宿迁，南京地区农户具有较低的支付意愿，主要集中于 0 ~ 20 元/亩，占南京地区总样本的 53.2%，其中 0 值的农户占比 19.9%。泰州与宿迁地区农户的支付意愿主要集中于 10 ~ 30 元/亩，占地区总样本的比例均接近 60%。从调查中对农户的询问结果看，南京地区农户具有相对较低的支付意愿可能主要是由两方面原因造成。一是当地对秸秆禁烧的力度不大，政府监管不严，露天焚烧秸秆的现象普遍存在，这直接导致农

户缺乏秸秆还田、防治秸秆污染的动力。相较之下，泰州和宿迁地区农户普
遍反映焚烧秸秆会被处罚，这表明当地政府秸秆禁烧的措施较为严格，农户
认识较为深刻，因而可能会具有较高的秸秆还田的支付意愿。二是南京地区
农户普遍反映当地没有秸秆还田的机具，机械匮乏也降低了农户秸秆还田的
支付意愿。当然，此结论有待进一步经过实证检验。

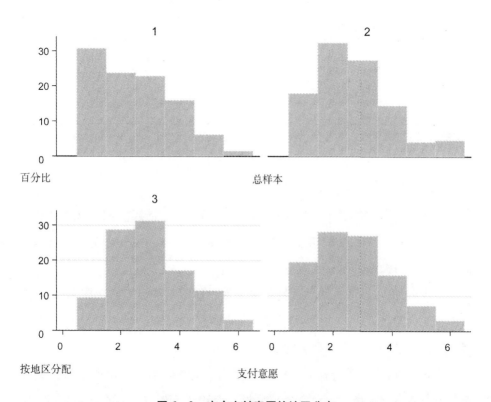

图 6 - 2 农户支付意愿的地区分布

注：1 表示南京地区，2 表示泰州地区，3 表示宿迁地区，4 表示总样本的支付意愿。

资料来源：根据调查资料由 Stata10 绘制。

此外，调查中对于作出 0 值回答的农户询问了其不愿意支付的原因，按
照出现频率的高低，主要可归结为要作燃料而不愿还田、可以焚烧而没必要、
年龄大、没有秸秆还田的机械、家庭收入低、可以出售而不愿还田、田地多

费用太高等几方面原因，具体如表6-6所示。

表6-6　农户支付意愿0值的原因

0 值原因	频数
家里要烧火，不要还田	18
年纪大，没收入来源	17
烧掉就行，不用还田	15
没有还田的机器	10
家里穷	9
可以卖掉，还田还要钱	8
田多，加起来费用不少	3
合计	80

资料来源：来自本研究调查。

6.2.3.2　农户特征与支付意愿

受访者中男性略多于女性，占54.4%。图6-3描述了调查样本的年龄分布，农户平均年龄为52岁，主要集中于40~69岁，这是因为江苏省农村的年轻劳动力大多外出打工。

图6-4描述了调查样本的受教育程度，样本平均受教育年限为6.3年。其中，文盲的占21.2%，小学文化程度的占32.5%，初中文化程度的占35.6%，高中及以上文化程度的占10.7%。

图6-5描述了受访者的家庭耕地面积。调查样本家庭耕地面积在3~6亩的农户所占比重最大，总样本平均耕地面积为5.8亩。调查结果显示，宿迁地区农户的家庭种植面积较大，其中，小麦户均种植面积为9.5亩，水稻户均种植面积为6.67亩，而南京地区小麦和水稻的户均种植面积分别为2.33亩和2.73亩，泰州地区小麦和水稻的户均种植面积分别为2.98亩和2.83亩。

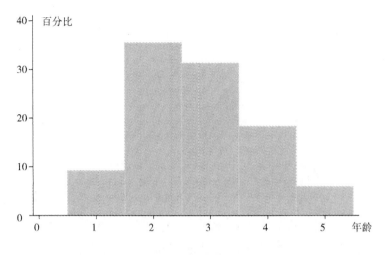

图 6 – 3 受访者年龄的直方图

注：1 表示 39 岁以下农户，2 表示 40 ~ 49 岁农户，3 表示 50 ~ 59 岁农户，4 表示 60 ~ 69 岁农户，5 表示 70 岁及以上农户。

资料来源：根据调查资料由 Stata10 绘制。

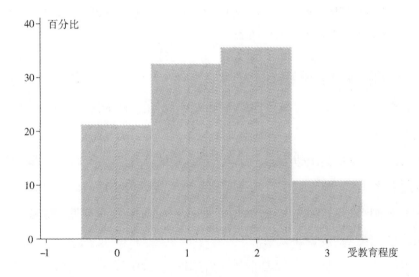

图 6 – 4 受访者受教育程度的直方图

注：0 表示文盲，1 表示小学文化程度，2 表示初中文化程度，3 表示高中及以上文化程度。

资料来源：根据调查资料由 Stata10 绘制。

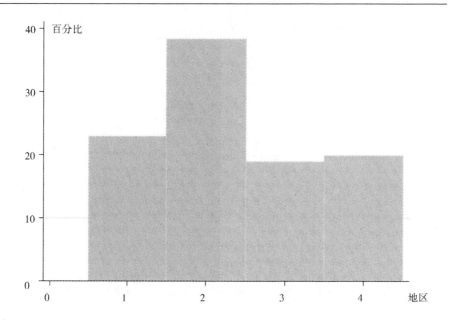

图 6 – 5 受访者家庭耕地面积的直方图

注：1 表示耕地面积为 3 亩以下，2 表示 3 ~ 5.99 亩，3 表示 6 ~ 9.99 亩，4 表示 10 亩以上。

资料来源：根据调查资料由 Stata10 绘制。

6.2.3.3 农户家庭人均收入与支付意愿

调查样本家庭人均总收入的均值为 12957.5 元，标准差为 557.9，种植业毛收入均值为 11749.4 元，标准差为 376.2，其中，宿迁地区种植业收入所占比重最大，其均值为 19767.1 元，南京及泰州地区分别为 7649.4 元和 7271.7元，这主要是因为宿迁地区户均种植面积大，且承包土地的农户较多，而南京和泰州地区农户则以务工收入为主。图 6 – 6 是农户支付意愿和家庭人均总收入的散点图以及拟合线。

图 6 – 6 中可以看出，拟合曲线的斜率较大，表明农户的支付意愿可能对收入的变化较为敏感。

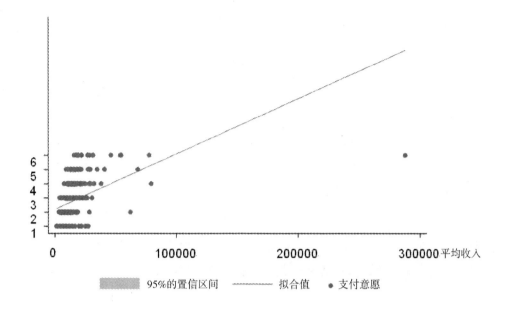

图 6 - 6　农户家庭人均收入与支付意愿的关系散点图

资料来源：根据调查资料由 Stata10 绘制。

6.2.3.4　农户认知与支付意愿

从样本的描述统计上看（见表 6 - 7），农户对秸秆还田及秸秆焚烧具有积极正面的认识，其支付意愿相应较高。例如，认为焚烧秸秆会污染环境的农户支付意愿均值在 20 ~ 30 元/亩，而认为焚烧无害的农户支付意愿均值在 10 ~ 20 元/亩；认为秸秆还田有利于环境保护的农户，支付意愿均值同样高于认为秸秆还田无益于环境保护的农户。

表 6 - 7　农户认知与支付意愿

农户认知	均值	标准差
认为焚烧秸秆污染环境的	2.815	1.260
认为焚烧秸秆无害的	1.511	0.161

续表

农户认知	均值	标准差
认为焚烧秸秆保护环境的	2.907	0.054
不认为焚烧秸秆保护环境的	1.488	0.088
认为还田利于作物生长的	2.873	1.287
不认为还田利于作物生长的	2.142	1.148

资料来源：来自本研究调查。

6.2.3.5 农户特征与支付意愿

图6－7、图6－8分别为农户年龄、受教育程度与农户支付意愿的散点图，直观地看，农户的年龄与支付意愿表现出负相关关系，受教育程度与支付意愿呈正向相关，具体结论有待进一步验证。

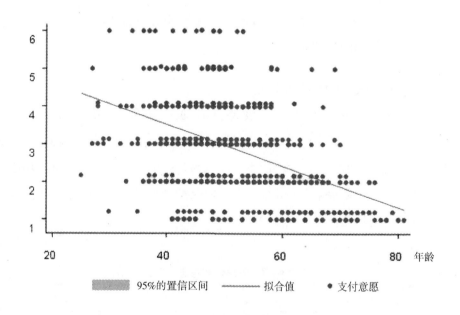

图6－7 农户年龄与支付意愿的关系散点图

资料来源：根据调查资料由 Stata10 绘制。

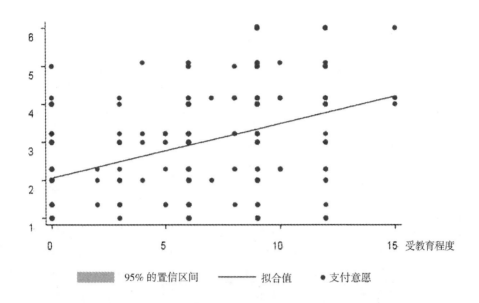

图 6 - 8　农户受教育程度与支付意愿的关系散点图

资料来源：根据调查资料由 Stata10 绘制。

6.2.4　实证分析结果

COX 比例风险模型既能对农户支付意愿与其影响因素的关系进行分析，同时又无须事先确定支付意愿的分布类型，具有灵活的应用性。因此，本节使用 Stata12 对影响农户小麦秸秆还田支付意愿的因素进行 COX 比例风险回归分析，考察农户个人特征、农户家庭特征、农户认知、政策因素、秸秆产业发展水平和秸秆还田机械配套水平等因素对农户秸秆还田支付意愿的影响。检验结果表明，该模型通过了联合性检验，回归结果总体是显著的。农户支付能力、受访者受教育程度、家庭耕地面积、农户认为秸秆还田有利于保护环境、农户认为秸秆还田有利于作物生长、当地秸秆产业发展水平是提高农户秸秆还田意愿支付水平的关键因素，而受访者年龄阻碍农户秸秆还田意愿支付水平的提高。以下对模型估计结果（见表 6 - 8）进行分析。

表6-8　农户秸秆还田支付意愿的 COX 比例风险模型回归结果

自变量	回归系数	标准误	风险率
家庭人均总收入	-0.0001***	0.00003	0.9999
受访者性别	0.1636	0.2055	1.1777
受访者年龄	0.3778***	0.1110	1.4591
受访者受教育程度	-0.0445**	0.1362	1.0455
家庭耕地面积	-0.0761*	0.1436	1.1342
焚烧污染环境	-0.2762	0.2752	0.7586
还田保护环境	-0.7030**	0.2916	0.4951
还田利于作物生长	-0.6439***	0.2127	0.5252
政府宣传还田	0.3642	0.2382	1.4394
焚烧秸秆处罚	0.2514	0.6074	1.2858
秸秆还田补贴	-0.2253	0.4764	0.7983
秸秆原料企业	-0.1812*	0.2364	0.8342
还田配套设备	-0.1902	0.4738	0.8268
地区虚拟变量（D_1）	0.5751	0.7690	1.3667
地区虚拟变量（D_2）	0.1827	0.4033	0.4841
总样本量	624		
对数似然值	-652.39		
似然比统计量	172.03		
显著性水平	0.0000		

注：①由于采用的是离散时间的比例风险模型，回归系数为负表明该影响因素对支付意愿具有正向作用，反之有负向作用。②γ_1、γ_2 等变量表示基线风险率在对应区间上积分的对数值，下文根据该值推算各区间的基线风险率。③*、**、***分别表示该系数估计值在10%、5%、1%的统计水平上显著。

资料来源：抽样调查资料。

6.2.4.1　农户支付能力的影响

表6-8显示，农户家庭人均总收入在1%的水平上具有统计显著性，且回归系数为负。具体而言，农户家庭人均总收入每增加100元，农户对秸秆还田支付意愿的相对风险度降低1%，意愿支付水平提高1%。这是因为收入水平越高，农户的支付能力越强，秸秆还田受到的资金约束越弱，相应地支

付意愿就越高。

6.2.4.2　农户户主及家庭特征的影响

这组变量中，受访者年龄、受访者受教育程度、家庭耕地面积分别在
1%、5%、10%的水平上通过了显著性检验。受访者年龄每增加1岁，秸秆
还田支付意愿的相对风险度提高37.8%，意愿支付水平降低37.8%。可能的
原因是，年龄较大的农民习惯于传统的作物秸秆处理方式，接受新技术的能
力较差，而年龄较轻的农民接受新技术的能力相对较强，并倾向于选择节约
劳动力的生产方式（宋军，1998）。秸秆机械还田能节省农户处理秸秆的时
间，因而，年纪轻的农民可能比年龄大的农民具有更高的支付意愿。受访者
受教育程度每提高1个层次，农户秸秆还田的意愿支付水平提高4.5%。可
能的原因是，受访者受教育程度直接影响劳动力素质，具有较高文化程度的
农民易于接受新技术，且可能更注重环境保护，从而使受教育程度对农户秸
秆还田支付意愿产生正向影响。随着家庭耕地面积的增多，农户秸秆还田的
意愿支付水平相应提高。可能的原因是，家庭耕地面积大意味着秸秆产量高，
作生活燃料等用途的秸秆数量有限，因而在禁烧秸秆政策的推行下，秸秆还
田作为生活燃料用途的替代，农户的意愿支付水平相应提高。

6.2.4.3　农户认知变量的影响

本研究选取了三个变量来反映农户对各种秸秆处置方式影响的认知，其
中，农户认为秸秆还田能够保护环境、认为秸秆还田有利于作物生长分别在
5%、10%的水平上通过了显著性检验，并且都是能够显著提高农户秸秆还田
意愿的关键因素；农户认为秸秆露天焚烧会污染环境变量从回归系数符号上
看，虽然对意愿支付水平具有正向影响，但不具有显著的统计意义。秸秆还
田有利于作物生长，可能的结果是带来产量增加，进而增加农户的种植业收
入；秸秆还田能够保护环境，也会使农户成为直接的受益者；秸秆露天焚烧
虽然会污染环境，但城市居民与农村居民一起承担环境污染的恶果，农户却
无须承担额外的成本。可见，秸秆还田能使农户直接获益的相关认知有利于
提高农户的支付意愿，而环境污染的负外部性导致农户即使认为秸秆焚烧会

造成污染，也不会提高支付意愿。这进一步验证了农户决策是利益驱动的。

6.2.4.4　政府政策变量的影响

本研究选取了当地政府宣传过秸秆还田、当地有焚烧秸秆的处罚政策、当地有秸秆还田的补贴政策三个变量来分析政府政策对农户秸秆还田意愿的影响，但是，这三个变量均未能通过显著性检验，且前两个变量对意愿支付水平的影响与预期作用方向相反。本研究认为这可能有两方面的原因：一是政府对秸秆还田的宣传力度不大，或宣传流于形式，没有相应的配套措施；二是政府对秸秆禁烧监管不严，加之农户本身就具有法不责众的心理，因而即便政府公布过对秸秆焚烧的处罚措施，最终也未能约束农户的秸秆焚烧行为。因此，相关政策都没有显著影响农户秸秆还田意愿支付水平。这与笔者实地调查中的直观感受相一致。南京农户普遍表示，当地对焚烧秸秆有处罚，但没人真正被罚过，因而焚烧秸秆的现象较为普遍，最为直接的表现是，农户在访谈中对于焚烧秸秆的事实并不避讳。而对秸秆还田支付意愿的描述性统计也表明，南京农户的支付意愿处于相对较低的水平。

6.2.4.5　秸秆产业发展水平的影响

本研究地是否有以秸秆为原料的企业来表示当地秸秆产业发展水平。模型估计结果表明，该因素有利于提高农户秸秆还田意愿支付水平。秸秆产业发展程度越高，农户对秸秆资源属性的认识越深，从而提高农户秸秆还田意愿支付水平。这表明创造秸秆利用的良好环境，也能提高农户秸秆还田的积极性。

6.2.4.6　机械化水平的影响

本研究地是否有秸秆还田配套设备来表示当地的机械化水平。从表 6-8 看出，该变量虽然系数符号为负，但不具有显著的统计意义，因而不是关键的影响因素。结合实地调查，本书认为其原因是，在收获季节，多有外来农机手到当地经营收割业务，因此当地有没有秸秆还田配套机具，对农户秸秆还田决策的影响不大。模型通过了联合性检验，回归总体是显著的。变量农户家庭人均总收入、年龄、受教育程度、家庭耕地面积、农户认识的相关变量、当地秸秆产业发展水平、秸秆还田的配套设备通过了参数检验，是农户秸秆还田支付意愿的显著影响因素。

6.2.5　农户支付意愿值的测算

根据第 4 章对 COX 比例风险模型的分析可得：

$$h_i(p,X_i,\beta) = h_0(p)exp(x_{i1}\beta_1 + x_{i2}\beta_2 + \cdots\cdots + x_{im}\beta) \tag{6-1}$$

其中，$h_i(p,X)$ 为第 i 名农户在支付水平 p 上受其他因素所构成向量影响下的风险函数，$h_0(p)$ 为所有影响因素取值为 0 时的基线风险函数，β 为影响因素的估计参数。$h_i(p,X)$ 有着比例风险的形式，即

$$\lambda_{ip} = \lambda_0(p)exp(X\beta)$$

其中，$\lambda_0(p)$ 是基线风险函数，t 为农户的支付意愿，$exp(.)$ 是指数函数，X 是其他影响农户支付意愿因素所构成的向量，β 是待估参数。调研中仅能获得 p 所落入的区间，而无法获得其具体数值。对于农户 i，根据其支付意愿落入区间 j 的生存概率可得到农户 i 的支付意愿在区间 j 的风险函数，进而推算出式（6-1）对应的生存函数为：

$$S(p_j,X) = exp[-exp(X\beta + \gamma_p)]，式（6-2）中，\gamma_p = ln[\int_{p-1}^{p} h_o(p)dp]。$$

对于指示变量 f_i，如果农户 i 的支付意愿位于第 j 个区间，且处于完整的区间，$f_i = 1$，否则 $f_i = 0$。由此，对数似然函数可写为：

$$lnL = \sum_{i=1}^{n} \{f_i lnh_j(X_{ij}) + (1-f_i)ln[1 - h_j(X_{ij})]\} \tag{6-2}$$

其中，$h_{j(X_{ij})} = 1 - exp[-exp(X_{ij}b) + \gamma_j]$，$\gamma_j = ln\int_{p_{j-1}}^{p_j} \lambda_0(\tau)d\tau$

根据式（6-2），可计算出支付意愿在每个区间内的基线风险率。当支付意愿位于区间 $[0,10)$ 时，基线风险率 $\lambda_0[0,10) = \dfrac{exp(\gamma_1)}{10-0} = 0.0214$，同理可得，$\lambda_0[10,20) = \dfrac{exp(\gamma_2)}{20-10} = 0.0093$，$\lambda_0[20,30) = 0.0116$，$\lambda_0[30,40) = 0.0389$。根据式（6-2），可计算出每一支付额上的生存函数：

$$S(p,X) = \begin{cases} 1.267exp(-0.075p), p \in [0,10) \\ 1.314exp(-0.083p), p \in [10,20) \\ 1.281exp(-0.055p), p \in [20,30) \\ 1.635exp(-0.184p), p \in [30,40) \end{cases}$$

根据 An（2002）给出的支付意愿平均值计算公式：$\overline{WTP} = \int_0^{\infty} S(P,$ $\overline{X})dp$，可得江苏省农户对秸秆还田的支付意愿值约为 16 元/亩。政府为促进农户秸秆还田，需给予农户 9～14 元/亩的财政补贴。

6.3 本章小结

本章首先采用匹配法研究了秸秆还田对农户作物产量的影响，结果表明秸秆还田提高了调查样本农户的小麦单产水平，但由于调查样本农户实施秸秆还田的年限较短，且未实施深松土壤等配套技术，小麦增产幅度较小，仅实现增产 9.62 公斤/亩，相当于增产 2.6%；此外，秸秆还田对水稻单产水平没有显著影响，这可能是由于调查样本中部分农户未进行有效的小麦秸秆还田，导致对下一茬水稻生长产生负面影响。

基于 COX 比例风险模型对农户秸秆还田支付意愿影响因素的实证分析表明，与农户支付意愿联系最密切的因素是农户的支付能力、农户对秸秆各种处置方式影响的相关认知、当地秸秆产业发展水平以及受访者年龄、受访者受教育程度、家庭耕地面积等个人和家庭特征；政府对秸秆还田宣传以及秸秆禁烧的力度不够，导致政府的作用未能有效发挥，政府相关政策不是农户秸秆还田支付意愿的主要影响因素。最后根据 COX 比例风险模型测算出江苏省农户秸秆还田的支付意愿值约为 16 元/亩，政府为促进农户秸秆还田，需给予 9～14 元/亩的财政补贴。

第7章 江苏省农户秸秆
出售的实证分析

推进秸秆的综合利用，实现秸秆资源化、商品化是发展低碳经济及现代农业的重要政策内容。农户是该进程中的重要主体之一，农户关于秸秆综合利用的认知、意愿和决策与秸秆综合利用政策的有效执行及秸秆产业化的顺利实现密切相关。鉴于农户出售秸秆是实现秸秆商品化、规模化利用的关键环节，本章将重点分析江苏省农户秸秆出售决策的影响因素。本章的安排如下：首先根据实地调研掌握的微观数据，描述江苏省各地区农户对秸秆处置的认知、意愿及行为选择；然后对影响江苏省农户秸秆出售的因素进行实证分析，并基于农户出售意愿与行为选择差异的视角，探讨阻碍农户出售意愿转化为行为的现实原因；最后得出本章结论。

7.1 江苏省农户对秸秆处置的认知、意愿与行为

当前的经济、技术、社会、环境等因素都可能会影响农户的认知（Tyndall, 2011），而农户对秸秆处置的认知及态度也是影响其行为决策的重要因素。因此，本研究采用抽样调查的方法，特别关注了秸秆还田和秸秆出售的处置方式，从农户对秸秆禁烧和综合利用的了解程度，秸秆还田和秸秆出售可能需要的机器设备和农业设施，以及需要秸秆收购企业提供的服务等

几个方面来描述农户的认知。

7.1.1 江苏省农户对秸秆处置的认知

7.1.1.1 省农户对秸秆禁烧和综合利用的了解程度

调查中通过询问农户焚烧秸秆是否会污染环境、是否听说过秸秆禁烧，是否听说过秸秆还田、秸秆沼气、出售秸秆，以此来反应农户对秸秆禁烧和综合利用的了解程度。结果显示，江苏省98%的农户认为秸秆焚烧会污染环境并知晓秸秆禁烧，92%的农户听说过秸秆综合利用，农户对于秸秆禁烧比对综合利用的了解程度更高。南京、泰州、宿迁三个地区的具体情况如图7-1所示：

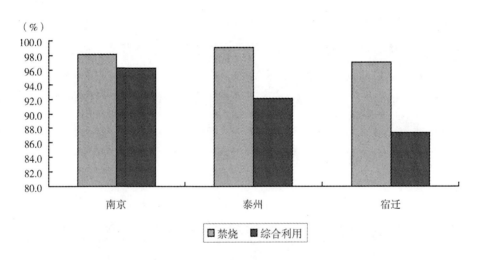

图7-1 江苏省农户对秸秆禁烧和综合利用的了解程度

资料来源：来自本研究调查。

7.1.1.2 江苏省农户对秸秆还田和出售的认知

要加快实现秸秆资源化、商品化，就必须改善现有条件，提高农户利用和出售秸秆的便利程度，包括广泛提供秸秆打捆机、改良秸秆还田机、提供秸秆分类和储存设施、加强地区间秸秆收购方的合作等（Petrolia，2008）。农

户是秸秆利用的主体，因而有必要了解农户对于外部服务的需求所在。结合
江苏省的现实情况，调查针对秸秆还田和出售秸秆设置相应指标，询问农户
认为是否需要具备相关条件。关于秸秆还田主要设置了三个指标，包括目前
的秸秆还田机是否需要改良、秸秆还田是否需要政府补贴、秸秆还田是否需
要专业管理技术；出售秸秆设置了五个指标，包括是否需要打捆机、是否需
要专门的秸秆储存地、是否需要企业负责运输、是否想要与企业签订 3～5 年
的长期合同、是否想要与企业签订 1～2 年的短期合同。

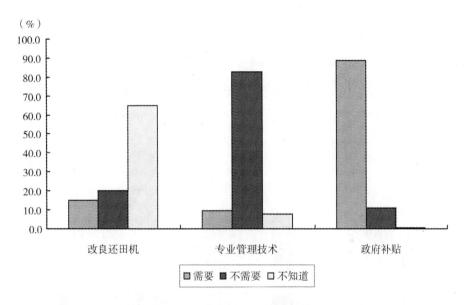

图 7 - 2　江苏省农户对秸秆还田的认知

资料来源：来自本研究调查。

图 7 - 2 中可以看出，政府补贴是秸秆还田中农户最期望具备的条件，
88.5% 的农户表示需要政府补贴，但也有 11% 的农户认为秸秆还田是自己的
事，不需要政府补贴。

对于秸秆还田是否需要专业的管理技术这项问题，82.7% 的农户认为无
须专业技术，另有 7.9% 的农户回答不知道，仅有 9.4% 的农户认为秸秆还田

需要相关管理技术。目前江苏省秸秆还田的工序是使用带有粉碎机的联合收割机收获作物，收割过程中将秸秆切碎、抛洒，然后使用反转灭茬机耕种，将切碎的秸秆翻耕进入土壤。但秸秆还田要实现最佳效果，除此之外还需配合施肥，加水沤制发酵，工序繁杂。然而种植业收入占江苏省农民收入的比例较小，工资性收入为其收入的主要来源，因此目前农民种地可称为"懒汉田"，产量高低并非农户最为关心的，工序繁杂、费时费力的秸秆还田专业管理技术自然也并非农户所需。

　　当前的秸秆还田机是否需要改良，成为农户最不明确的问题，仅有15%的农户认为需要改良，20%的农户认为无须改良，其余65%的农户不知道是否需要。这是因为很多农户并不知晓秸秆还田的相关知识，只有少数农户认为目前的秸秆还田存在留茬高度高、翻耕深度不够的问题，会影响下季作物生长，需要改良机器。由此说明，各级政府还需进一步向农户宣传秸秆还田。

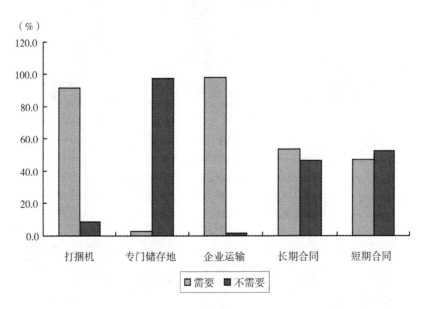

图7-3　江苏省农户对秸秆出售的认知

资料来源：来自本研究调查。

第6章对农户出售秸秆的成本收益分析表明，劳动力机会成本和运输成本是主要成本，劳动力机会成本发生在农户收集、打捆和自行运输秸秆的过程中，打捆运输秸秆费时费力，成为制约农户出售秸秆的主要因素，这一点在此再次得到验证。91.4%的农户表示需要打捆机来收集秸秆，98.2%的农户表示出售秸秆应由企业负责运输，这成为农户出售秸秆最迫切的要求所在，也为解决秸秆商品化问题提供了思路。

美国农户出售玉米秸秆作生物燃料乙醇原料的经验说明，在合理的半径内设置秸秆储存地，实现地区间的联合，是降低运输成本、形成规模化的重要途径。然而目前江苏省仅有少部分农户出售秸秆，并且是单家独户的出售，专业收购秸秆的服务组织极少，因此高达97.3%的农户认为出售秸秆不需要专门的储存地。

对于是否想要与秸秆收购企业签订3~5年的长期合同，保证秸秆出售的稳定性，53.6%的农户表示需要，另外46.4%的农户因为需要秸秆作为生活燃料、年纪大、外出打工时间不稳定等原因不想与企业签订长期合同。对于是否想与企业签订1~2年的短期合同，有此需要的农户比例下降至47.2%，多表示1~2年没必要签订合同。

7.1.2　江苏省农户秸秆处置的意愿与行为

上面一节描述了江苏省农户关于秸秆处置的认知，本节将就调查样本农户秸秆处置的意愿和行为选择进行描述分析。

7.1.2.1　江苏省农户秸秆处置的意愿

调查结果显示，江苏省农户出售秸秆的意愿最高，具有出售秸秆意愿的农户占总样本的82.4%；秸秆作饲料和沼气的意愿最低，具有该意愿的农户仅占总样本的12.7%。秸秆用作生活燃料和还田的意愿基本相当，分别为71.3%、70.4%。此外，从图7-4中可以看出，农户焚烧秸秆的意愿也较低，约为10.1%。这表明江苏省农户具有较高的利用秸秆的意愿。

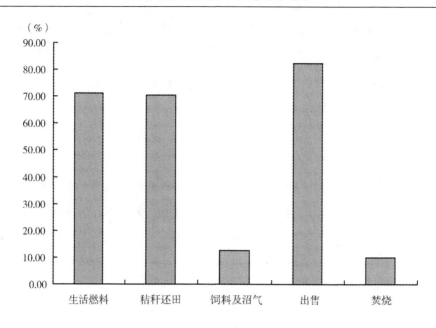

图 7 - 4　江苏省农户秸秆处置的意愿

注：由于同时可选择多种秸秆处置方式，因而农户各种秸秆处置意愿的比例之和大于 1。

　　分地区来看（见表 7 - 1），南京地区农户秸秆处置意愿按由高到低的顺序依次排列为用作生活燃料、秸秆还田、出售、饲料及沼气、露天焚烧；泰州和宿迁地区排列次序相同，依次为出售秸秆、生活燃料和还田、露天焚烧、饲料及沼气。

　　对江苏省各地区农户的秸秆处置意愿比较发现，泰州和宿迁地区农户意愿相近，而南京地区的农户总体上具有较低的利用秸秆的意愿。除秸秆用作饲料及沼气一项外，南京地区农户利用秸秆的意愿均低于泰州和宿迁。此外，在秸秆各种利用方式中，出售秸秆为泰州和宿迁地区农户的第一意愿，在南京则位于最后一位，这可能是由于南京为省会城市，农民获得就业的机会更多，而出售秸秆费时费力且收益不高，从而导致南京地区的农户具有较低的出售秸秆的意愿，这有待于进一步验证。

表 7 - 1　江苏省各地区农户秸秆处置的意愿

处置意愿	南京（户数）	泰州（户数）	宿迁（户数）	总样本（户数）
生活燃料	122	153	170	445
秸秆还田	116	153	165	439
饲料及沼气	41	27	11	79
秸秆出售	128	190	196	514
露天焚烧	12	17	34	63
总样本	216	202	206	624

资料来源：来自本研究调查。

7.1.2.2　江苏省农户秸秆处置的行为

作为生活燃料是江苏省农户利用秸秆的最主要方式，总样本中 75.8% 的农户将秸秆用作生活燃料；其次为秸秆还田，比例约为 35.4%；秸秆出售位于其后，约占 26.9%；饲料及秸秆沼气的利用最少。值得注意的是，近 30%的农户承认其当前仍然露天焚烧秸秆，调查中农户可能因有顾忌而存在隐瞒，因此事实上焚烧秸秆的比例可能更高。调查样本各地区农户秸秆处置的行为选择具体如表 7 - 2 所示：

表 7 - 2　江苏省各地区农户秸秆处置的行为

处置方式	南京（户数）	泰州（户数）	宿迁（户数）	总样本（户数）
生活燃料	133	187	153	473
秸秆还田	23	102	96	221
秸秆出售	6	80	82	168
饲料及沼气	18	11	5	34
露天焚烧	145	6	33	184
总样本	216	202	206	624

资料来源：来自本研究调查。

按照秸秆处置行为在各地区所占比重由大到小的顺序依次排列，南京地区农户的处置行为排序为露天焚烧、生活燃料、秸秆还田、饲料及沼气、出售；泰州地区为生活燃料、秸秆还田、秸秆出售、饲料及沼气、露天焚烧；宿迁地区为生活燃料、秸秆还田、秸秆出售、露天焚烧、饲料及沼气。

对江苏省各地区农户的秸秆处置行为比较发现，南京与泰州、宿迁地区表现出较大差异，泰州和宿迁两地差异较小。南京地区焚烧秸秆的农户占总样本的比例高达78.8%，远超出泰州及宿迁地区的3.3%和17.9%；而秸秆还田和秸秆出售的比例分别为6.7%、3.6%，仅有饲料和秸秆沼气一项占据的比重较大，可见南京地区农户对秸秆的利用不足，露天焚烧秸秆现象严重。地区间农户行为表现出巨大差异的原因有待进一步分析。

7.2   江苏省农户秸秆出售决策的影响因素分析

前文的描述性分析表明，江苏省各地区间农户秸秆处置的行为表现出一定的差异，产生这些差异的原因何在？是哪些因素影响了农户秸秆处置的行为决策？这是本节所要研究的问题。鉴于农户出售秸秆是实现秸秆商品化的关键环节，且地区间农户出售秸秆的差异最大，因此本节将就农户秸秆出售决策的影响因素展开分析。

7.2.1   变量选择

农户的效用最大化或利润最大化目标是依据其自身的价值观而形成，其价值观由农户的个人特征和家庭特征所决定。而效用最大化的目标能否实现，则取决于外部社会经济环境所提供的现实条件，因为农户只能在外部约束条件下选择实现目标的手段①。因此，农户个人及家庭特征和外部环境共同构

---

① 胡豹. 农业结构调整中农户决策行为研究——基于浙江、江苏两省的实证［D］. 浙江大学博士学位论文，2004.

成农户秸秆出售决策的影响因素。

7.2.1.1　个人和家庭特征

影响农户秸秆出售决策的个人和家庭特征包括户主年龄、受教育程度、家庭劳动力个数、家庭耕地面积、当前农户秸秆处置方式，以及家庭收入结构。

年龄对农户秸秆出售决策可能具有负向影响，受教育程度具有正向影响。有研究表明，较之年长的农户，年轻人更愿意选择节约劳动力的生产方式（宋军，1998）。但一方面，年长的农户习惯于传统的农业生产和作物处理方式，行为方式难以改变；另一方面，出售秸秆需要收集、打捆、运输，对农户的劳动强度有较高要求，年长的农户未必能够适应。因此认为年龄对农户秸秆出售秸秆转化为现实具有负向影响。农户的受教育程度越高，接受新信息的能力越强、环保意识也越强（Schultz，1975；Feder et al.，1985；崔红梅，2010），则实际选择出售秸秆的可能性越大。考虑到家庭决策一般由户主作出，因此选择户主的年龄、受教育程度作为自变量。

对出售秸秆的成本收益分析表明，劳动力是当前农户出售秸秆的主要约束条件。如家庭劳动力资源不足，必然会制约农户出售秸秆，因此将家庭劳动力个数纳入自变量。

对江苏省农户处置秸秆行为的描述性分析表明，秸秆用作生活燃料是当前农户的主要利用方式。农户在实际决策中，可能会首先保证需要用作生活燃料的消耗量，然后选择其他利用方式。并且，农户的经营规模对其采用新技术具有正向影响（Golan，2002）。换言之，家庭耕地面积越大，农户可能更愿意采用新技术，并且可支配的秸秆利用量越多，则出售秸秆的意愿可能越高。然而另一方面，出售秸秆具有劳动力约束，在抢收抢种的季节，耕地面积大的农户受到的劳动力约束可能更强，因而有可能对农户秸秆出售的决策产生负向影响，所以家庭耕地面积对出售决策影响的方向并不明确。

行为人对初始路径及规则的选择往往具有依赖性，一旦作出选择，就很难作出改变，以至演进到类似于"锁定"的状态，这在行为经济学中被称为

"支持现状的偏见"。农户的农业生产和作物处理方式是长期经验积累的结果，行为方式难以改变，因此可能农户即便具有了出售秸秆的意愿，最终也未必会选择出售秸秆。如农户家庭中以秸秆为主要的生活燃料，在能够出售秸秆的情况下其有可能继续选择秸秆作燃料而非出售。本研究选取农户家庭中使用秸秆作为生活燃料的数量来考察当前处置秸秆方式对农户出售秸秆决策的影响。

随着近年来农村劳动力成本的不断上升，相比从事农业生产经营活动，在当地企业或外出务工的非农兼业行为能够为农户带来更高收入。作为理性经济人，农户出售秸秆的决策必然受到比较利益影响，能够从事非农兼业的农户将具有较低的秸秆出售意愿。相反，难以获得兼业机会的农户，其家庭收入更依赖于种植业收入，则可能更倾向于出售秸秆。因此，本研究以种植业收入占总收入的比重来表示家庭收入结构，考察家庭收入结构对农户秸秆出售决策的影响。

7.2.1.2 外部环境

影响农户秸秆出售决策的外部环境包括市场层面因素、政府政策，以及其他行为人的决策等。

市场价格水平、交易的便利程度是影响行为人参与市场积极性的关键因素。调查结果表明，目前秸秆的销售途径是影响秸秆售价的主要因素。农户自行运输出售秸秆，水稻秸秆售价约为 200 元/吨，小麦秸秆约为 160 元/吨；中间人上门收购，则秸秆售价为 60～100 元/吨。村镇有以秸秆为原料的企业，或有中间人上门收购，则农户出售秸秆更为便利；收购点距离越远，农户出售秸秆的便利性越差。因此，本研究选取村镇是否有以秸秆为原料的企业、农户田地距秸秆收购点距离以及是否有中间人上门收购作为自变量，考察市场因素对农户秸秆出售决策的影响。

环境具有公共物品的属性，农户有可能因为污染环境无须付出代价而焚烧秸秆。在秸秆产业化程度低、市场条件不充分的情况下，政府政策对农户处置秸秆的最终行为选择具有重要影响。本研究选取焚烧秸秆是否有处罚、禁烧秸秆是否有补贴、村政府是否组织集体出售秸秆作为自变量，考察政府政策对农户秸秆出售决策的影响。

Lintenberg（2004）、Marco（2004）研究表明行为人决策与外部环境之间相互作用的影响，同时行为人之间通过交流沟通也相互影响，因此其他行为人的决策可能对农户出售秸秆的最终行为选择产生影响。本研究将其他行为人的决策也归为外部环境因素，考察对农户秸秆出售决策的影响。

通过以上分析，可得出农户出售秸秆决策影响因素分析的理论框架，如图7-5所示。

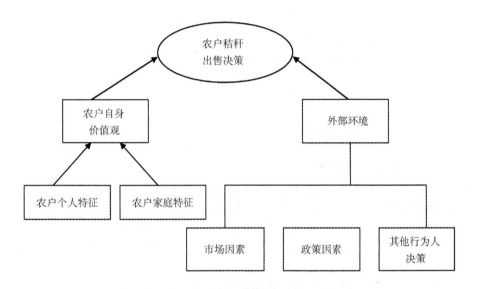

图7-5 农户秸秆出售决策影响因素的理论框架

农户秸秆出售的意愿与行为选择受农户自身价值观及外部环境的共同影响，农户个人特征和家庭特征决定农户的自身价值观；市场因素、政策因素以及其他行为人的决策共同构成外部环境因素。因而设定基于农户意愿与行为选择差异的农户出售秸秆决策影响因素的理论模型为：

农户秸秆出售的决策 = F(市场因素、政策因素、其他行为人决策、农户个人特征、农户家庭特征)

综上所述，自变量的描述性统计及预期作用方向归纳于表7-3。

表7-3 自变量的定义及描述性统计

变量名称	变量定义	均值	标准差	预期作用
户主年龄	户主从事农业生产经营活动的时间（年）	52.29	10.12	-
户主受教育年限	户主受教育年限（年）	6.73	3.71	+
家庭劳动力	劳动力个数（个）	3.25	1.18	+
家庭耕地面积	耕地面积（亩）	5.80	4.04	-
家庭收入结构	种植业收入占全年家庭总收入的比重（%）	0.26	0.21	-
秸秆作燃料数量	不用=1，少=2，较多=3，很多=4	1.97	1.16	-
秸秆原料企业	村镇有以秸秆为原料的企业=1，没有=0	0.46	0.50	+
收购点距离	0.2公里以内=0，0.5公里以内=1，1公里以内=2，10公里以内=3，10公里以上=4	2.99	1.23	
上门收购	有人上门收购秸秆=1，没有=0	0.25	0.43	+
焚烧秸秆处罚	焚烧秸秆有处罚=1，没有=0	0.65	0.48	+
禁烧补贴	有禁烧补贴=1，没有=0	0.07	0.26	+
村集体出售秸秆	村集体组织出售=1，没有=0	0.02	0.15	+
其他行为人决策	亲戚朋友或邻居出售=1，否=0	0.34	0.47	+

资料来源：均值和标准差根据调查数据计算。

7.2.2 模型设定

根据以上理论模型和变量选择的分析，本文以农户出售秸秆决策作为因变量，其决策模型的函数形式为：

$$p(y=1) = \beta_0 + \beta_1 X_1 + \beta_2 X_2 + \cdots + \beta_{13} X_{13} + \varepsilon$$

因变量农户决策分为出售秸秆和不出售秸秆，以 $y=1$ 表示出售，$y=0$ 表示不出售，是典型的二元选择问题，其值在 $[0,1]$ 内，采用 Logistic 回归模型进行实证分析，其具体形式为：

$$P_i = F(\alpha + \beta_j X_{ij}) = \frac{1}{1 + e^{-(\alpha + \beta_j X_{ij})}}$$

其中,P_i 表示第 i 个农户选择出售秸秆的概率,β_j 表示自变量的回归系数,X_{ij} 表示第 j 种影响因素,α 表示回归截距。

7.2.3 样本描述统计分析

7.2.3.1 农户秸秆出售行为与户主年龄

一般而言,年龄对农户的农业生产经营意愿及行为会产生一定影响,因此有必要对户主的年龄分布进行统计。本研究将年龄分为五个阶段,即 20 ~ 29 岁、30 ~ 39 岁、40 ~ 49 岁、50 ~ 59 岁、60 岁及以上,表 7 - 4 描述了农户出售秸秆的行为与户主的年龄分布。

表 7 - 4 农户秸秆出售行为与户主年龄

单位:%

	20 ~ 29 岁	30 ~ 39 岁	40 ~ 49 岁	50 ~ 59 岁	60 岁及以上	合计
出售秸秆	0.6	8.93	36.90	32.74	20.83	100
未出售秸秆	0.88	7.24	35.53	30.70	25.66	100
总样本合计	0.80	7.69	35.90	31.25	24.36	100

注:1) 20 ~ 29 岁的户主出售秸秆的比例 = (20 ~ 29 岁段的户主人数/出售秸秆的户主总人数)×100%
2) 20 ~ 29 岁的总样本合计的比例 = (20 ~ 29 岁段的户主人数/总样本数)×100%
资料来源:来自本研究调查。

表 7 - 4 中可以发现调查样本户主年龄主要集中在 40 ~ 60 岁及以上,该年龄段的农户占总样本的91.5%,而是否出售秸秆的户主年龄差异主要来源于 60 岁及以上年龄段的农户。

7.2.3.2 农户秸秆出售行为与户主的受教育程度

户主的受教育水平一定程度上会影响农户接受新信息的能力及环保意识,从而影响出售秸秆的决策行为,为此将受教育程度划分为文盲、小学、初中、高中及以上四个维度，对户主的受教育程度进行统计分析。

表7－5　农户秸秆出售行为与户主的受教育程度

单位：%

	文盲	小学	初中	高中及以上	合计
出售秸秆	13.10	32.74	40.48	13.69	100
未出售秸秆	17.32	35.09	35.53	12.06	100
总样本合计	16.19	34.46	36.85	12.50	100

注：计算方式类同表7－4。

表7－5中可以看出，调查样本的户主受教育程度主要集中在小学和初中阶段，两者占总样本量的71.3%。在文盲和小学文化程度下，未出售秸秆的农户较出售秸秆的农户都更多，而在初中、高中及以上文化程度下，出售秸秆的农户多于未出售秸秆的农户。

7.2.3.3　农户秸秆出售行为与家庭劳动力

劳动力是出售秸秆的主要约束条件，也必然会影响农户出售秸秆的决策。调查样本中，农户家庭平均具有3个劳动力，最多的为7个，最少的为1个。

表7－6　农户秸秆出售行为与家庭劳动力

单位：%

	0个	1个	2个	3个	4个及以上	合计
出售秸秆	2.98	17.26	58.33	14.29	7.14	100
未出售秸秆	11.4	25.88	44.96	14.25	3.51	100
总样本合计	9.13	23.56	48.56	14.26	4.49	100

注：计算方式类同表7－4。

表7－6中可以看出，调查样本中，农户家庭常年在家的劳动力多为1个或2个，两者占样本总量的72.1%。农户出售秸秆的行为差异主要集中于有2个及以下常年在家的劳动力的农户中。仅有1个或没有常年在家的劳动力

的农户，不出售秸秆的比例远高于出售秸秆的比例。

7.2.3.4　农户秸秆出售行为与家庭耕地面积

家庭耕地面积决定农户秸秆的可利用量，进而会对农户处置秸秆的行为决策产生影响。因此，本研究将家庭耕地面积按土地大小依次分为 3 亩以下，3~5.99 亩，6~9.99 亩，10 亩及以上。本次调查中，耕地面积最多的农户常年耕种面积达 23 亩，主要是承包他人土地耕种，最少的为 0.6 亩。出售秸秆的农户中，家庭耕地面积平均为 6.67 亩，未出售秸秆的农户家庭耕地面积平均为 5.47 亩。农户家庭耕地面积的样本描述如表 7-7 所示。

表 7-7　农户秸秆出售行为与家庭耕地面积

单位:%

	3 亩以下	3~5.99 亩	6~9.99 亩	10 亩及以上	合计
出售秸秆	11.31	37.50	26.79	24.40	100
未出售秸秆	26.32	30.04	25.66	17.98	100
总样本合计	22.28	32.05	25.96	19.71	100

注:计算方式类同表 7-4。

7.2.3.5　农户秸秆出售行为与家庭收入结构

家庭收入结构主要考察种植业收入占农户家庭总收入的比重。本次调查中，种植业收入比重最高的为 99.96%，最小的仅有 0.005%。表 7-8 中可以看出，样本农户种植业收入占总收入的比重主要集中在 40% 以下的区间内，而农户出售秸秆行为差异主要集中在种植业收入比重占 20%~40% 的农户中。

表 7-8　农户秸秆出售行为与家庭收入结构

单位:%

	20% 以下	20%~40%	40%~60%	60%~80%	80% 及以上	合计
出售秸秆	42.46	47.02	5.36	1.79	3.57	100

	20%以下	20%~40%	40%~60%	60%~80%	80%及以上	合计
未出售秸秆	49.12	34.65	8.55	2.19	5.48	100
总样本合计	47.28	37.98	7.69	2.08	4.97	100

注：计算方式类同表7-4。

7.2.4 实证分析结果

本节采用 Logistic 回归模型，对农户出售秸秆决策的影响因素进行回归，考察农户个人特征、家庭特征、市场因素、政策因素，其他行为人决策对农户决策的影响。以下报告回归结果（见表7-9），并进行分析解释。

模型通过了联合性检验，回归总体是显著的。户主年龄、家庭劳动力、家庭收入结构、农户田地距秸秆出售点距离、秸秆出售途径、焚烧秸秆有处罚、禁烧秸秆有补贴，以及其他行为人的决策通过了参数检验，是江苏省农户秸秆出售决策的显著影响因素。户主受教育程度、家庭耕地面积、秸秆作燃料的数量等个人、家庭特征以及村镇是否有以秸秆为原料的企业等变量不是农户出售秸秆决策的主要影响因素。

首先来看相关市场层面的因素，变量农户田地距秸秆出售点距离和出售秸秆途径在1%的水平上通过了显著性检验。这两个变量共同反映了农户出售秸秆的便利程度，农户田地距秸秆出售点距离对农户出售秸秆决策具有显著的负向影响；有人上门收购对农户出售秸秆具有显著的正向影响。但是变量村镇是否有以秸秆为原料的企业未能通过显著性检验，且回归结果符号为负，结合实地调研情况分析，这可能是由三方面原因综合作用的结果：一是虽然某些村镇没有以秸秆为原料的企业，但当地农户到周边村镇出售了秸秆；二是村镇虽有以秸秆为原料的企业，但需求量小，导致出售秸秆的农户较少；三是村镇有以秸秆为原料的企业，但当地秸秆产量较少，导致农户无秸秆可售，如调查中南京市浦口区候冲村政府建设了秸秆沼气集中供气池，可供1000户农户两天的正常使用量，但当地农户以种植林木为主，水稻、小麦秸秆产量较小，农户无秸秆可售。

其次，政府的相关政策也是影响农户秸秆出售决策的主要因素。政府对秸秆焚烧是否有处罚、对秸秆禁烧是否有补贴两个变量一定程度上能够反映政府秸秆禁烧的工作力度，村政府是否组织农户集体出售秸秆则反映政府促进秸秆综合利用中对农户的支持力度。回归结果显示，政府对焚烧秸秆有处罚、对禁烧秸秆有补贴对于农户出售秸秆具有显著的正向作用，而村政府是否组织农户集体出售秸秆则未能通过显著性检验，这主要是因为目前江苏省政府还较少为农户组织集体出售秸秆。

其他行为人的决策也是影响农户秸秆出售决策的因素。在 1% 的显著性水平上，其他行为人的决策对农户出售秸秆的决策具有显著影响，与周围没有亲戚朋友出售过秸秆的农户相比，有亲朋好友出售过秸秆的农户出售秸秆的概率更高。调查结果也表明，调查样本表现出样本村农户集体出售或集体不出售的现象，说明农户决策易受他人影响，最终跟随大众行为。

农户的个人特征变量中，户主年龄通过了显著性检验。户主年龄在 1% 的显著性水平上，对农户秸秆出售决策具有显著的负向影响。户主年龄越大，其出售秸秆的概率越低，这主要由两方面原因造成，一是年长的户主习惯于传统的作物处理方式，二是年长户主的体力无法满足秸秆收集、打捆、运输的劳动强度。

农户的家庭特征变量中，家庭劳动力个数、家庭收入结构两个变量分别在 1%、5% 的水平上通过了显著性检验，对农户秸秆出售决策具有显著的正向影响。家庭劳动力多，出售秸秆受到的制约相对减少，则农户出售秸秆的概率越高；研究中用农户种植业收入占家庭总收入的比重来表示家庭收入结构，该比重大表示农业收入是其主要收入来源，可能获得其他收入的途径较少，相比能够得到非农兼业机会的农户而言，他们通过出售秸秆来增加收入的概率更高。家庭耕地面积以及秸秆作为生活燃料的数量未通过显著检验，但从符号上判断，这两个变量对农户的秸秆出售决策可能会产生负向影响。

表7-9　江苏省农户秸秆出售决策影响因素的 Logistic 模型回归结果

自变量	系数	标准误	Z 统计值	P > │z│
农户个人特征				
户主年龄	-0.0566 **	0.0266	-2.12	0.034
户主受教育程度	0.0313	0.0678	0.46	0.644
农户家庭特征				
常年在家的劳动力	0.6063 ***	0.2299	2.64	0.008
家庭耕地面积	-0.0491	0.0619	-0.79	0.427
家庭收入结构	2.8947 **	1.1943	2.42	0.015
秸秆作燃料的数量	-0.2660	0.2266	-1.17	0.24
市场因素				
秸秆原料企业	-0.8698	0.6267	-1.39	0.165
收购点距离	-1.0430 ***	0.2639	-3.95	0.000
上门收购	4.4110 ***	0.4844	9.11	0.000
政策因素				
焚烧秸秆处罚	3.0828 ***	0.6969	4.42	0.000
禁烧补贴	2.1966 **	0.9846	2.23	0.026
村集体出售秸秆	0.2280	1.3806	0.17	0.869
其他行为人				
其他行为人决策	1.934 ***	0.4687	2.97	0.003
总样本量	624			
对数似然值	-92.5599			
似然比统计量	541.83			
显著性水平	0.0000			

注：*、**、***分别表示该系数估计值在10%、5%、1%的统计水平上显著。

资料来源：抽样调查资料。

7.3　江苏省农户秸秆出售意愿与行为选择差异的原因分析

基于理性经济人的假定，任何农户都以依据自身价值而产生的效用最大化为行为目标，预期成本收益是农户做出行为选择的依据。只有农户的预期收益大于成本时，农户才会具有从事该行为的意愿，但具有意愿并不表示农户最终会实际从事该行为，事实上农户的最终行为选择与其意愿往往并不一致。上文的描述性分析表明江苏省 82.4% 的农户具有出售秸秆的意愿，而最终实际出售秸秆的农户仅有 26.9%；70.4% 的农户具有秸秆还田的意愿，最终实际还田的农户为 55.1%；12.7% 的农户具有利用秸秆作饲料及沼气的意愿，实际利用的仅有 5%；10.1% 的农户具有焚烧秸秆的意愿，而实际有 30% 的农户露天焚烧秸秆。

农户的秸秆处置意愿与行为选择为何表现出如此巨大的差异？现实中哪些因素阻碍了农户利用秸秆的意愿转化为行为？这是本节所要研究的问题。鉴于农户出售秸秆是实现秸秆商品化的关键环节，且农户出售秸秆的意愿与行为选择差异最大，因此本节将对农户出售秸秆意愿与行为选择差异的原因展开分析。

7.3.1　变量选择

7.3.1.1　因变量

本研究中因变量定义为，当农户具有出售秸秆的意愿，但实际并未出售秸秆，则因变量取值为 0；当农户具有出售秸秆的意愿，并实际上出售了秸秆，则因变量取值为 1。

7.3.1.2 自变量

结合前文关于农户秸秆出售决策的影响分析，农户个人特征和家庭特征，市场层面因素、政策因素，以及他人行为等外部环境共同构成农户秸秆出售决策的影响因素，也是导致农户意愿和行为选择出现差异的原因所在。因此，自变量包括户主年龄、受教育程度、家庭劳动力、耕地面积、家庭收入结构、秸秆作燃料的数量、村镇有否以秸秆为原料的企业、是否有人上门收购、农户田地距秸秆出售点距离、秸秆焚烧是否有处罚、秸秆禁烧是否有补贴、村政府是否组织集体出售秸秆。此外，中国农村家庭户主一般都为男性，而接受调查的对象可能是户主的配偶，所以调查获得的农户出售秸秆意愿并非都为户主意愿。那么，部分样本农户意愿与行为选择表现出不一致，可能是由受访者并非户主本人所造成。但由于配偶与户主年龄、受教育程度、家庭情况等都基本相仿，仅有性别差异，且调查中存在大量配偶受访的样本，如将这些样本删除，存在一定的不合理性。因此，将受访者是否为户主引入自变量。自变量的描述性统计及预期作用方向归纳于表7－10。

表7－10　自变量的定义及描述性统计

变量名称	变量定义	均值	标准差	预期作用
户主年龄	户主从事农业生产经营活动的时间（年）	50.82	9.43	－
户主受教育年限	户主受教育年限（年）	7.10	3.54	＋
受访者是否为户主	是＝1，否＝0	0.54	0.50	
家庭劳动力	劳动力个数（个）	3.35	1.13	＋
家庭耕地面积	耕地面积（亩）	6.18	4.19	＋
家庭收入结构	种植业收入占全年家庭总收入的比重（％）	0.24	0.19	－
秸秆作燃料数量	不用＝1，少＝2，较多＝3，很多＝4	1.98	0.93	－
秸秆原料企业	村镇有以秸秆为原料的企业＝1，没有＝0	0.46	0.50	＋

续表

变量名称	变量定义	均值	标准差	预期作用
收购点距离	0.2 公里以内 =0, 0.5 公里以内 =1, 1 公里以内 =2, 10 公里以内 =3, 10 公里以上 =4	3.02	1.21	-
上门收购	有人上门收购秸秆 =1, 没有 =0	0.29	0.45	+
焚烧秸秆处罚	焚烧秸秆有处罚 =1, 没有 =0	0.74	0.44	+
禁烧补贴	有禁烧补贴 =1, 没有 =0	0.09	0.28	+
村集体出售秸秆	村集体组织出售 =1, 没有 =0	0.03	0.16	+
其他行为人决策	亲戚朋友或邻居出售 =1, 否 =0	0.38	0.48	+

资料来源：均值和标准差根据调查数据计算。

7.3.2 模型设定

根据以上变量选择的分析，本研究以农户出售秸秆意愿与行为选择的一致性作为因变量，其决策模型的函数形式为：

$$p(y=1) = \beta_0 + \beta_1 X_1 + \beta_2 X_2 + \cdots + \beta_{14} X_{14} + \varepsilon$$

因变量分为意愿与行为一致和不一致，以 $y=1$ 表示一致，$y=0$ 表示不一致，是典型的二元选择问题，其值在 $[0, 1]$ 内，采用 Logistic 回归模型进行实证分析，其具体形式为：

$$P_i = F(\alpha + \beta_j X_{ij}) = \frac{1}{1 + e^{-(\alpha+\beta_j X_{ij})}}$$

其中，P_i 表示第 i 个农户选择出售秸秆的概率，β_j 表示自变量的回归系数，X_{ij} 表示第 j 种影响因素，α 表示回归截距。

7.3.3 样市描述统计分析

7.3.3.1 农户出售秸秆的意愿和行为选择

调查显示，具有秸秆出售意愿的农户共 514 户，占总样本的 82.4%。其中，南京地区为 98 户，占 19.1%；泰州地区为 197 户，占 38.3%；宿迁地区为 219 户，占 42.6%。最终实际出售秸秆的农户共 168 户，其中，南京地区最少，仅 6 户，泰州地区 80 户，宿迁地区 82 户。

调查中对农户"不愿意出售秸秆的主要原因"进行了询问，结果显示，52.7% 的农户表示出售秸秆不赚钱是其不愿出售的主要原因，而愿意出售秸秆的农户都表示出售收益可以接受，这表明对出售秸秆的预期收益是农户进行意愿选择的首要出发点。19.1% 的农户不具有出售秸秆意愿的原因是认为没人买秸秆，可能当地确实没有秸秆收购点，也可能因为收购点距离较远，农户并不知晓。12.7% 的农户因为缺乏足够的劳动力而不愿出售秸秆，部分农户表示劳动力不足的原因是家庭耕地面积大，农忙时抢收抢种，没有足够人手收集打捆运输秸秆出售。9.1% 的农户因为家庭耕地面积小，秸秆产量少，需要留作生活燃料用，因而不愿出售秸秆。另外，6.4% 的农户表示人工打捆费时费力，没有打捆机是其不愿出售秸秆的主要原因。

表 7-11 农户不愿出售秸秆的主要原因

不愿出售秸秆的主要原因	频次
出售秸秆不赚钱	58
没人买秸秆	21
没有足够的劳动力	14
家里要秸秆作燃料	10
没有打捆机收集秸秆	7
合计	110

资料来源：来自本研究调查。

7.3.3.2 农户秸秆出售意愿和行为选择的一致性描述

本研究中农户意愿和行为一致是指具有秸秆出售意愿，并实际出售的，不一致是指具有出售意愿，而实际未出售的，但调查样本中还包括不具出售意愿且未出售的以及具有出售意愿而最终未出售的农户，实证分析中将该部分样本剔除。因此，农户秸秆出售意愿和行为选择差异的原因分析中，总样本为具有秸秆出售意愿的 514 户农户，其余 110 户不具出售意愿的农户不列入研究对象。样本一致性描述如表 7-12 所示。

表 7-12　农户秸秆出售意愿与行为选择的一致性

	南京		泰州		宿迁		江苏省	
	户数	比例（%）	户数	比例（%）	户数	比例（%）	户数	比例（%）
一致（具有意愿并出售）	6	4.7	80	42.1	82	41.8	168	32.7
不一致（具有意愿而未出售）	122	95.3	110	57.9	114	58.2	346	67.3
合计	128	100	190	100	196	100	514	100

注：南京地区秸秆出售意愿与行为一致的比例 = 南京地区意愿行为一致的户数/江苏省有出售意愿的总户数，以此类推。

资料来源：来自本研究调查。

表 7-12 中可以看出，总样本中，农户意愿与行为选择不一致的比例高达 67.3%，其中，南京地区农户出售秸秆意愿转化为现实的比例最低，仅为 4.7%，泰州和宿迁地区意愿转化为现实的比例相近。

调查中对农户实际未能出售秸秆的原因进行了询问。调查结果显示，农户实际未选择出售秸秆的原因集中于劳动力不足、距秸秆出售点距离远、家庭耕地面积大、秸秆用作生活燃料、秸秆烧掉了等几个方面。值得注意的是，在农户具有出售意愿的情况下，秸秆最终部分被露天焚烧而未被出售，这一方面反映出秸秆出售市场条件的不完善，另一方面反映当地秸秆禁烧政策的不完善。具体如表 7-13 所示。

表 7-13　农户实际未出售秸秆的主要原因

具有出售意愿，但实际未出售的原因	频次
劳动力不足	104

续表

具有出售意愿，但实际未出售的原因	频次
距秸秆出售点距离远	86
田地多	71
秸秆作燃料	63
秸秆被露天焚烧	22
合计	346

资料来源：来自本研究调查。

7.3.3.3　农户意愿和行为一致性与农户特征的关系

根据前文描述，将样本分为意愿与行为一致样本（具有出售意愿并实际出售）和不一致样本（具有出售意愿而未出售），表7-14描述了两组样本农户的特征。

表7-14　意愿和行为的一致性与农户特征的关系

	一致		不一致	
	均值	标准差	均值	标准差
户主年龄	51.52	0.72	50.41	0.50
户主受教育程度	7.05	0.28	7.15	0.19
家庭劳动力	3.61	0.08	3.22	0.06
家庭耕地面积	5.94	0.28	6.67	0.24
家庭收入结构	0.26	0.01	0.24	0.01
秸秆作燃料数量	2.07	0.05	1.94	0.06

资料来源：来自本研究调查。

统计结果显示，两组样本农户中，意愿与行为选择相一致的农户家庭平均劳动力明显多于不一致的农户，耕地面积比不一致的农户家庭少，种植业收入占总收入的比重略高于不一致的农户，与本研究的预期相一致。

7.3.3.4　农户意愿和行为一致性与市场因素的关系

表7-15描述了农户秸秆出售意愿和行为的一致性与市场层面因素的关

系。结果显示，秸秆出售意愿转化为行为的样本农户的市场环境明显优于意愿与行为不一致的农户，表现为村镇多有以秸秆为原料的企业、有中间人上门收购秸秆、农户的田地距秸秆出售点较近，平均距离在1公里以内；而意愿与行为选择不一致的农户，其村镇较少有以秸秆为原料的企业、几乎没有中间人上门收购过秸秆，且村镇附近没有出售点。

表7-15　意愿和行为的一致性与市场因素的关系

	一致		不一致	
	均值	标准差	均值	标准差
秸秆原料企业	0.83	0.03	0.28	0.02
上门收购	0.81	0.03	0.03	0.01
距秸秆出售点距离	1.96	0.08	3.54	0.05

资料来源：来自本研究调查。

7.3.3.5　农户意愿和行为一致性与政策及其他因素的关系

表7-16描述了农户秸秆出售意愿和行为的一致性与政策因素及其他行为人决策的关系。结果表明，秸秆出售意愿转化为行为的农户所处地区，政府对秸秆禁烧和综合利用更为重视，主要表现为农户对秸秆焚烧处罚的知晓度更高，部分村镇政府对农户发放秸秆禁烧补贴，并组织农户集体出售秸秆。此外，周围有亲朋好友出售秸秆的，出售意愿转化为行为的可能性越大。

表7-16　意愿和行为的一致性与政策及其他因素的关系

	一致		不一致	
	均值	标准差	均值	标准差
焚烧秸秆处罚	0.97	0.01	0.63	0.03
禁烧秸秆补贴	0.25	0.03	0.01	0.004
政府组织集体出售	0.07	0.02	0.01	0.004
其他行为人决策	0.84	0.03	0.15	0.02

资料来源：来自本研究调查。

7.3.4　实证分析结果

本节采用 Logistic 回归模型，对影响农户秸秆出售意愿转化为行为的因素进行回归，考察农户个人特征、家庭特征、市场因素、政策因素，其他行为人决策对农户意愿和行为选择差异的影响。以下报告回归结果（见表 7 - 17），并进行分析解释。

模型通过了联合性检验，回归总体是显著的。是否有中间人上门收购秸秆、农户田地距秸秆出售点距离、焚烧秸秆是否有处罚、其他行为人的决策四个变量都在 1% 的水平上通过了显著性检验，表明相关市场因素、政策因素、其他行为人的决策是导致农户秸秆出售意愿与行为选择差异形成的重要原因。良好的市场环境能提高农户出售秸秆的便利程度，积极的政府政策能约束农户焚烧秸秆的行为、促进对秸秆的利用，从而对农户秸秆出售意愿转化为行为产生正向影响，这与农户秸秆出售决策影响因素的分析结果相一致。

农户的个人、家庭特征变量中，家庭收入结构、劳动力个数、耕地面积分别在 1%、5%、10% 的水平上通过了显著性检验，户主年龄、受教育程度、秸秆作燃料的数量未能通过检验。与对农户秸秆出售决策影响因素的分析结果相比，除种植业收入占总收入的比重、劳动力个数以外，家庭耕地面积也成为农户秸秆出售意愿与行为选择差异形成的重要原因，且回归结果符号为负，说明家庭耕地面积越大，农户出售秸秆的意愿转化为行为的可能越低，这与调查中对实际未出售农户（具有出售意愿）的原因询问结果相一致，20.5% 的农户表示由于家庭耕地面积大，农忙时要抢收抢种而无暇出售秸秆。户主的年龄则不成为意愿与行为差异形成的主要原因，这可能是因为具有秸秆出售意愿的农户基本都具有较强的劳动能力，其出售秸秆受到的体力约束较小。

表 7 - 17 农户秸秆出售意愿与行为差异影响因素的回归结果

自变量	系数	标准误	Z 统计值	P > | z |
农户个人特征				
户主年龄	- 0.0138	0.5113	- 1.32	0.66
户主受教育程度	0.0545	0.0773	0.71	0.481
是否为户主本人	- 0.6725	0.5113	- 1.32	0.188
农户家庭特征				
常年在家的劳动力	0.6221 **	0.2850	2.18	0.029
家庭耕地面积	- 0.1237 *	0.0740	- 1.67	0.095
家庭收入结构	5.1779 ***	1.3982	2.43	0.000
秸秆作燃料的数量	- 0.2256	0.3085	- 0.73	0.465
市场因素				
秸秆原料企业	- 1.2579	0.7920	- 1.59	0.112
收购点距离	- 1.5403 ***	0.3457	- 4.45	0.000
上门收购	4.9628 ***	0.5842	8.50	0.000
政策因素				
焚烧秸秆处罚	3.0518 ***	0.8444	3.61	0.000
禁烧补贴	1.7183	1.2401	1.39	0.166
村集体出售秸秆	2.6915	2.8462	0.95	0.344
其他行为人				
其他行为人决策	1.4403 ***	0.5106	2.82	0.005
总样本量	514			
对数似然值	- 72.1822			
似然比统计量	503.8			
显著性水平	0.0000			

注： * 、 ** 、 *** 分别表示该系数估计值在 10% 、 5% 、 1% 的统计水平上显著。

资料来源：抽样调查资料。

7.4　本章小结

本章首先描述了江苏省农户目前秸秆处置的意愿与行为，结果表明农户具有较高的秸秆出售、还田、生活燃料的意愿，其中约有82%的农户表示希望出售秸秆，而实际仅有26.9%的农户出售了秸秆，因此本章就农户秸秆出售决策的影响因素进行实证分析，并就农户秸秆出售意愿转化为行为的差异形成的原因展开分析，实证结果表明：

第一，户主年龄、家庭劳动力、家庭收入结构、出售秸秆的市场条件、政府关于秸秆禁烧和利用的政策以及其他行为人的决策对农户秸秆出售决策具有显著影响。户主年龄越大，农户出售秸秆的可能性越低；家庭劳动力的可获得性越高，越有利于农户作出出售秸秆的决策；种植业收入占总收入的比重越小，农户出售秸秆的积极性越差；出售秸秆的便利程度与农户出售秸秆的决策正向相关；秸秆焚烧的处罚以及秸秆禁烧的补贴政策会促进农户出售秸秆；农户周围有亲朋好友出售秸秆的，可能会导致农户跟风出售。

第二，除了劳动力的可获得性差、种植业收入占总收入的比重低、出售秸秆的便利程度低、政府禁烧秸秆的力度不大等因素会导致农户出售秸秆的意愿无法转化为行为外，家庭耕地面积也是重要原因之一。家庭耕地面积越大，农户需耗费越多的劳动力成本收集打捆、运输秸秆，而农忙时要抢收抢种，最终农户会放弃出售秸秆。因此，这仍然是劳动力机会成本高、机械匮乏带来的问题。

第8章　全书总结与政策建议

本章对全书进行总结，结合当前秸秆综合利用政策，提出本书的政策含义，最后提出进一步研究的方向。

8.1　主要研究结论

（1）预期成本收益是农户的决策依据，同时受制于相关约束条件。

本书第 5 章基于调查获得的理论数据，对江苏省农户秸秆燃料、秸秆还田、秸秆沼气、秸秆出售的成本收益进行测算，结果表明，在秸秆自用的处置方式中（即秸秆燃料、秸秆还田、秸秆沼气），南京、泰州、宿迁三个地区均以秸秆燃料的净收益最高，秸秆还田的净收益最低，秸秆沼气居中，各地具体的净收益因当地劳动力成本的不同而略有差异。

秸秆出售的净收益随着秸秆出售方式的不同而发生变化。如果有中间人上门收购，则三个地区的秸秆出售净收益大致相同，为 30 ~ 50 元/亩。如果农户雇用农用拖拉机运输至 15 公里处的秸秆收购点，则三个地区的农户出售秸秆净收益都为负，农户得不偿失。如果农户以自家农用拖拉机运输至 15 公里处的秸秆收购点，三个地区的农户出售秸秆都能获得一定净收益。值得一提的是，南京地区农户所获净收益低于其劳动力机会成本，泰州地区农户所获净收益略高于劳动力成本，宿迁地区农户所获净收益最高，这也进一步说明了调查样本中南京地区农户出售秸秆的意愿和行为比例都较低的原因。

尽管秸秆沼气能使农户获得较高的净收益，但调查结果表明使用秸秆沼气的农户极少，露天焚烧秸秆的现象仍然存在，这并非是农户非理性地放弃了能获得更高收益的秸秆利用方式，而是因为秸秆沼气池建设初期所需投资较大，存在较强的资金约束和技术约束，并且秸秆沼气不如液化气等能源的使用方便清洁。

秸秆各种综合利用方式下农户行为的预期成本收益影响其决策的同时，农户还会进一步考虑到相关约束条件，即现实可行性。资金约束、技术约束、机械约束、市场约束是制约江苏省农户利用秸秆，导致秸秆废弃焚烧现象广泛存在的症结所在。

（2）调查样本地区秸秆还田能够实现小麦增产。

本书第 6 章首先采用匹配法研究了秸秆还田对农户作物产量的影响，结果表明秸秆还田提高了调查样本农户的小麦单产水平，但由于调查样本农户实施秸秆还田的年限较短，小麦增产幅度较小，仅有 9.62 公斤/亩，相当于增产 2.6%；此外，秸秆还田对水稻单产水平没有显著影响，这可能是由于调查样本中部分农户未进行有效的小麦秸秆还田，从而导致对下一茬水稻生长产生负面影响。

（3）农户认知、还田机具的配套情况等因素显著影响农户秸秆还田的支付意愿。

本书第 6 章采用条件价值评估法中双向式的多界二分询价模式获得农户秸秆还田的支付意愿区间，基于 COX 比例风险模型实证分析农户对秸秆还田的支付意愿。结果表明，客观支付能力、农户的个人家庭特征、农户对秸秆利用的相关认知、当地的秸秆产业发展水平、秸秆还田机具的配套情况等因素会显著影响农户的支付意愿。

秸秆还田是秸秆综合利用中的一种形式，具有保护环境的作用，因而具有了公共物品的属性。废弃焚烧秸秆造成秸秆污染，具有负外部性，即秸秆焚烧带来空气质量的下降，其他公众不得不接受其后果，健康受到损害，这是焚烧秸秆的成本,而市场机制却无力对焚烧秸秆的农户作出处罚,同时农户还转嫁了秸秆其他处置方式的处置成本。这是农户作为理性经济人焚烧秸秆的动因之一。也正因此,政府对焚烧秸秆的处罚、禁烧秸秆的补贴等政策措施此时似乎都已经无效,它们对于提高农户以秸秆还田防治秸秆污染的支付意愿并无多大作用。农户可以因为相关处罚和补贴政策的激励去出售秸秆,却并不会因此而提高秸秆还田的支付意愿,原因是易于解释的。尽管可能存在出售收益低、出售距离远等不利因素,但只要在一定范围内,出售秸秆始终会为农户带来收益;以秸秆还田防治秸秆污染则不同,农户并不了解秸秆还田以及防治污染的利处,知晓的是需要付出 30 元/亩左右的成本,农户显然是不愿意的,结果便是同样的秸秆焚烧处罚和禁烧补贴政策显著影响了农户出售秸秆的决策,却未能提高农户秸秆还田的支付意愿。

有利于提高农户支付意愿的因素在于农户的年龄、文化水平、其对秸秆利用的认知,以及农户家庭收入水平。年纪轻、文化水平高的农户相对具有较好的环境保护意识,对秸秆焚烧的危害相对更为了解,对秸秆还田的技术知识相对更易接受,具有较高收入水平的农户受到的资金约束越小。另外一些有利于提高农户支付意愿的因素则在于秸秆产业的发展水平以及秸秆还田机具的配套程度。

最后根据 COX 比例风险模型测算出江苏省农户秸秆还田的支付意愿值约为 16 元/亩,因而在当前条件下,政府为推进农户秸秆还田,需给予农户9 ~ 14 元/亩的财政补贴。

(4)市场及政策因素、其他行为人决策等外部环境显著影响农户秸秆出售决策。

农户决策以效用最大化为行为目标,受到自身价值和外部环境共同影响,本书第 7 章基于此理论框架,对农户秸秆出售决策的影响因素进行分析。结果表明,由市场因素、相关政策因素以及其他行为人共同构成的外部环境是影响农户秸秆出售决策的重要原因。

具体来讲,以秸秆出售的便利程度衡量秸秆市场条件的完善程度,农户田地距秸秆出售点距离较近或者有中间人上门收购秸秆，表示当地秸秆的市场条件较好，将会促进农户出售秸秆；反之，没人上门收购，或者距离较远，将抑制农户出售秸秆，这进一步验证了农户出售秸秆成本收益的分析结论。出售距离远，没人上门收购，意味着农户需要付出更多的运输成本才能实现销售，然而即使以自家拖拉机运输出售，所获的净收益也是非常有限的；倘若雇佣拖拉机运输，农户更将得不偿失。农户是理性的，他们显然能够意识到市场条件不完善的情况下，出售秸秆无法带来效用最大化，结果必然是不出售秸秆。

其次，政府对秸秆焚烧有处罚、对秸秆禁烧有补贴的政策也对农户出售秸秆的决策产生了显著的正向影响。这表明奖惩结合的激励政策确实是有效的，它可能是通过具体的处罚及补贴的发放加深了农户对秸秆综合利用的认知而发挥了作用。

另外，外部环境中，其他行为人的决策也显著影响了农户秸秆出售的决策。换言之，如果农户周围有亲朋好友出售秸秆，那么他出售秸秆的概率将大大提高。这表明农户决策往往不是独立作出的，而是基于农户之间的相互沟通而互相影响。

农户的个人及家庭特征中，户主年龄对农户秸秆出售决策具有明显的负向影响。一方面，户主年龄越大，越有可能规避风险而沿用传统技术，拒绝出售秸秆；另一方面，户主年龄越大，其出售秸秆受到的劳动力约束越强，从而最终对出售秸秆的决策产生负向影响。同样地，家庭劳动力越多，出售秸秆受到的劳动力约束越弱，因而劳动力数量对秸秆出售决策产生正向影响。研究以种植业占家庭总收入的比重衡量农户家庭收入结构，结果表明对农户决策具有显著的正向影响，种植业收入比重越高，农户越倾向于采纳新技术，获得更高收益。

（5）农户秸秆出售意愿难以转化为现实，市场条件及政府政策是关键因素。

本书第 7 章在研究农户秸秆出售决策影响因素的基础上，进一步将农户意愿与行为选择的一致性作为考察对象，通过分析农户秸秆出售意愿与行为的差异原因，来探讨阻碍农户出售秸秆的现实因素。

对调查数据整理发现，农户具有出售意愿而最终未出售的农户比例高达67.3%。实证结果与调查中的直观经验判断基本一致。市场条件不完善，农户出售秸秆的渠道不畅通，是造成其意愿与行为不一致的关键原因。调查中，除了秸秆出售收益低以外，对没有出售秸秆的原因回答出现频率最高的是没人买秸秆。这一定程度上也反映了目前江苏省秸秆产业化发展程度低，村镇周围仍然少有以秸秆为原料的企业，或者企业生产规模小，消耗秸秆的能力有限，这是秸秆商品化程度低的直接原因。

研究结果还表明，对秸秆焚烧的处罚政策会提高农户出售意愿与行为的一致性，这可能是因为农户感受到的政府处罚力度较大，传统的秸秆处置方式露天焚烧不易执行，农户不得不以其他处置方式替代，从而促使其出售意愿转化为现实。其他行为人的决策对农户意愿与行为的一致性具有显著的正向影响。

农户的个人及家庭特征中，家庭劳动力、收入结构对意愿与行为一致性的影响不再赘述。家庭耕地面积成为现实中阻碍农户秸秆出售意愿转化为现实的重要因素，即使农户具有秸秆出售的意愿，但最终会因为家庭耕地面积大、劳动力不足而放弃出售秸秆，进一步验证了农户出售秸秆的成本收益分析中的结论，劳动力是农户出售秸秆的主要约束条件。

8.2　政策含义

无论是从发展农业循环经济的角度，还是从环境保护的公共物品属性角度考虑，政府在推进秸秆综合利用进程中的角色是不可缺失的。农户废弃焚烧秸秆具有利益动机，利用秸秆又存在现实障碍，因而要推进秸秆资源化、商品化，就必须依靠政府的政策干预。本文基于农户的视角，研究其行为决策方式，目的即是为秸秆综合利用政策的制定提供重要信息，有助于政策制定者了解农户的行为，使政策更具有效性。

（1）以专业合作社为依托，建立健全秸秆收集贮运体系。

本书对秸秆综合利用中农户行为的成本收益分析表明，劳动力成本及运输成本是农户出售秸秆的主要处置成本，在目前农村劳动力机会成本高、秸秆原料工厂较少、距农户田地较远的现实情况下，建立高效的秸秆收贮运输体系对于实现秸秆资源化、商品化是至关重要的。对农户秸秆出售行为与意愿一致性的实证分析结果也表明，出售秸秆的便利程度以及劳动力的可获得性是阻碍出售意愿转化成行为的关键原因。

由此得出的政策含义是，政府应当协调农民经纪人或农业能手，或建立农业服务部门领办型的专业合作经济组织，可以考虑由县、乡两级的农业技术推广站（中心）、农机站等发动农户组建农民专业合作经济组织，负责统一收集运输秸秆；为农户解决秸秆销路问题，建议采取与秸秆利用的龙头企业联合的模式建立专业的秸秆收集运输体系。规模经济的形成有利于降低秸秆的交易成本，既可为企业提供稳定的原料供给，减少其运营成本，又能够创造大量的农村就业机会，切实增加农民收入，是解决秸秆收集运输难题的有效途径。

以农民专业合作经济组织负责统一收集、运输、销售秸秆的前提是给予秸秆专业合作组织优惠的土地政策，帮助其建立秸秆收贮场地。

（2）完善财政补贴政策，确保补贴落到实处。

一般而言，当公共物品存在外部性时，政府补贴是纠正市场失灵的有效途径。虽然目前秸秆综合利用中存在多种形式的补贴，但其效果是值得商榷的。

首先是补贴的对象上，应加强对农户的补贴。当前政府促进秸秆还田的补贴对象主要是实施秸秆还田的农机手或农机服务组织，配合以秸秆还田机具的购机补贴，补贴额度为20% ~ 30%，却忽略了秸秆还田的另一重要主体——农户。本书的分析表明，农户对于秸秆还田防治秸秆污染的真实支付意愿值为 17 元/亩，而当前的秸秆机械还田成本为 25～30 元/亩，随着机械服务费用的不断上涨，将有更多的农户支付意愿值低于实际需支出的水平。单一补贴农机手的政策显然是不利于秸秆还田的长期发展的。因此，政府应适当进行补贴对象的调整，给予农户更多利用秸秆的经济刺激。

其次是补贴的方向上，应加大对打捆机等配套机械设备的购置补贴。本文的分析表明，农村劳动力机会成本高，打捆机等方便农户收集秸秆的机械严重匮乏，是农户出售秸秆的约束条件；此外，政府的秸秆焚烧处罚、禁烧补贴都无益于提高农户秸秆还田防治秸秆污染的支付意愿，除了农户及家庭的相关特征外，有利的因素在于秸秆还田机具的配套程度和效率以及当地秸秆产业的发展水平，由此得出的政策含义是继续对农机手或农机服务组织发放秸秆还田机的购置补贴，补贴额度维持在现有的 20%～30% 的水平上，有条件的地区可以适当加大补贴力度；同时，应当加快为村镇配备打捆机等设备，为农户出售秸秆节约劳动力成本。另外，加强对科技研发的资金扶持，解决秸秆综合利用中的技术瓶颈，减少农户的风险。

此外，各级财政应将秸秆综合利用专项资金列入财政预算，并建立严格的调查考核制度，具体可由省市农委、农机局等部门每年组织人员到基层开展农户调查，将农户补贴发放情况列为对各级政府秸秆综合利用考核的内容之一，以确保农户补贴发放到位。

（3）加快秸秆综合利用技术的创新和推广。

对秸秆综合利用农户行为的成本收益分析表明，农户利用秸秆沼气除了受到初始投资成本高的制约外，相关技术难题如冬季气温低，沼气池难以发酵产气等也是主要障碍；另外，在秸秆机械还田作业中，作物留茬高度过高，旋耕机等机器翻耕不深，导致秸秆还田对农户的下一季作物生长产生负面影响。以上技术瓶颈直接抑制了农户利用秸秆的积极性，因此，政府应当加大科技投入，攻克秸秆综合利用的技术难题，并通过开展技术培训，向农户推广普及秸秆综合利用技术，将秸秆综合利用与农民增收切实结合起来。

（4）加强对秸秆综合利用的宣传。

对舒尔茨的理性小农理论、科斯特的风险规避型农户理论等的梳理，以及本文的实证分析结果都表明，农户的认知是影响农户采纳新技术的关键因素，政府宣传对于促进秸秆禁烧和综合利用具有举足轻重的作用。

一方面，错误的认知会引导农户作出不正确的决策。调查中发现，仍有农户认为焚烧秸秆无害环境，较大比例的农户认为秸秆还田既无益于环境保护，也无益于农作物生长，有此认知的农户则会焚烧秸秆、具有较低的秸秆还田支付意愿，这直接揭示了农户的认知与其行为之间的密切关系。另一方面，分散生产的农户基本上都是厌恶风险的，因而新技术的不确定性会阻碍农户采纳新技术。如秸秆机械还田，在还田初期农户需付出更高的成本，但还田的效率却是不明确的，结果有可能因为还田获得更高的产量而受益，也有可能存在技术缺陷降低产量而遭受损失。风险规避的农户显然会放弃秸秆还田。因此，政府应充分发挥引导职能，加大对秸秆焚烧危害和综合利用优势的宣传，宣传的内容要突出资源节约、环境保护和农民增收三个主题，明确秸秆的资源属性和商品属性，阐释各种秸秆综合利用方式的特点，特别是要让农民真正了解到秸秆焚烧的害处，认识秸秆还田和其他利用方式的生态效益和经济效益，使农户意识到自身行为的外在效应，实现"外部效应内在化"。宣传形式应当多样化，可以具体采用张贴标语、悬挂横幅、乡村广播、印发小册子、办宣传栏、科普培训、组织参观、组织专家定期指导，甚至包括举办有奖知识问答竞赛等多种方式。

8.3　研究展望

本书的研究是基于江苏省三个市部分乡镇的调查，分析整个江苏省秸秆综合利用的情况，但当前各地秸秆综合利用的政策有所差异，这可能会使农户作出不同的行为决策，因而进行地区的分类研究可能会更具意义，但由于本次对单个地区的调查样本容量有限，本研究未作地区间的比较分析。

　　受篇幅所限，本书仅分析了农户行为决策的方式，但在整个秸秆综合利用的发展过程中，企业也是重要主体之一，企业与农户、企业与政府之间的关系都值得研究，这是未来研究的方向。

附　录

调查问卷

TIPS：调查员自我介绍：您好！我是南京农业大学的一名学生，现在在做一个关于秸秆利用的调查，我们调查的目的是完成毕业论文。希望您能给予支持，非常感谢！

第1部分　农户家庭基本情况

01	您的性别是	1 男；2 女
02	您的年龄是	_____周岁
03	您在正规学校上过几年学	_____年
04	户主的性别是	1 男；2 女
05	户主的年龄是	_____周岁
06	户主在正规学校上过几年学	_____年
07	您从事农业生产的时间有几年	_____年
08	户主从事农业生产的时间有几年	_____年
09	您家庭人口总数是	_____人
10	您家劳动力（能下地劳动和外出打工的人）有	_____人

第2部分　农户家庭作物种植情况

农作物	面积（亩）	亩产（斤）	单价（元/斤）
小麦			
水稻			

续表

农作物	面积（亩）	亩产（斤）	单价（元/斤）
玉米			
油菜			
大豆			
花生			
其他			

第 3 部分　主要农作物生产要素投入情况

生产要素投入	小麦	水稻
种子（公斤/亩）		
化肥（公斤/亩）		
农药（元/亩）		
劳动投入量（日/亩）		
机械作业量（元/亩）		

第 4 部分　农户家庭收入情况

11	您家耕地总共有几亩	＿＿＿＿＿亩
12	您家获得的农业补贴	＿＿＿＿＿元
13	您家是否饲养了家畜？	1 是（继续）；2 否（跳至 16 题）
14	您家饲养了哪种家畜？	猪；牛；羊；鸡；鸭；鹅；鱼
15	您家养殖业收入是多少	＿＿＿＿＿元
16	打工收入、在单位上班的工资	＿＿＿＿＿元
17	自家做生意等赚的钱	＿＿＿＿＿元
18	其他非农收入（如捐赠、养老保险或政府给的非农业补贴）	＿＿＿＿＿元

第 5 部分　农户对秸秆利用的认知

19	您是否听说过秸秆禁烧	1 是；2 否
20	您是否听说过秸秆还田	1 是；2 否
21	您认为目前的秸秆还田机是否需要改良	1 是；2 否
22	您认为秸秆还田是否需要专业管理技术	1 是；2 否

23	您认为秸秆还田是否需要政府给予补贴	1 是；2 否
24	您是否听说过秸秆制沼气	1 是；2 否
25	您是否听说过秸秆出售	1 是；2 否
26	您认为收集秸秆是否需要旋耕机、打捆机等机器设备	1 是；2 否
27	您认为收集秸秆是否需要专门的储存地	1 是；2 否
28	您认为出售秸秆是否需要由企业负责运输	1 是；2 否
29	您认为出售秸秆是否需跟企业签订 3～5 年的长期合同	1 是；2 否
30	您认为出售秸秆是否需跟企业签订 1～2 年的短期合同	1 是；2 否
31	您认为焚烧秸秆是否对环境有害	1 是；2 否
32	您认为秸秆还田是否有利于农作物生长	1 是；2 否
33	您是否想要收集秸秆作燃料	1 是；2 否
34	您是否想要收集秸秆作饲料	1 是；2 否
35	您是否想要收集秸秆作沼气	1 是；2 否
36	您是否想要收集秸秆还田	1 是；2 否
37	您是否想要收集秸秆出售	1 是；2 否
38	您是否想要焚烧秸秆	1 是；2 否

第6部分　农户秸秆利用情况

39	您家是否收集秸秆自用	1 燃料；2 还田；3 饲料；4 沼气
40	您村里是否有以秸秆为原料的工厂（发电厂、造纸、养牛场等）	1 是；2 否
41	您村里是否有秸秆收购点	1 是；2 否
42	您家距离最近的秸秆收购点有多远	＿＿＿＿＿＿＿公里
43	您家是否出售过秸秆	1 是；2 否（跳至 36 题）
44	您家是否自己运输秸秆到收购点	1 是；2 否（跳至 36 题）
45	您家怎样运输秸秆	1 拖拉机；2 三轮车；3 其他
46	是否有人到您家收购过秸秆	1 是；2 否
47	您周围是否有人出售秸秆（亲戚、邻居）	1 是；2 否
48	您现在是否焚烧秸秆	1 是；2 否
49	您村里是否有秸秆还田的配套设备	1 是；2 否
50	您村里旋耕机的租用价格是	＿＿＿＿＿＿＿元/亩

第7部分　秸秆相关政策

51	今年您是否接受过农业技术培训或指导	1 是；2 否
52	您村里对农民是否有秸秆禁烧补贴	1 是；2 否
53	您村里对农民是否有秸秆还田补贴	1 是；2 否
54	您村里对焚烧秸秆是否有处罚	1 是（继续）；2 否（跳至47题）
55	您村里对焚烧秸秆处罚多少钱	＿＿＿＿＿＿元/亩
56	您村里是否宣传过秸秆还田	1 是；2 否
57	您村里是否组织集体出售秸秆（村里负责运输）	1 是；2 否

如果秸秆不还田，收割成本约为 60 元/亩，小机耕种成本约 30 元/亩，总成本 85 元/亩；而将秸秆还田，收割成本约高出 10 元/亩，并且可能需要大机和小机两次耕种，但可节约化肥，您愿意秸秆还田吗？（画双横的是询价的起点，如果愿意，则打钩并跳高一个价位询问，直至问到最高支付意愿停止；起点不愿意则跳低一个价位询问。农民选择 0 值需询问其原因。）

第8部分　农户秸秆还田的支付意愿

费用	愿意打钩，不愿意打叉	0 值原因
↑ 0 10 20 **30** 40 50 60 ↓		1 家里穷，付不起 2 田地多，费用高 3 应由政府支付 4 秸秆还田会导致病虫害 5 其他

第9部分　农户家庭燃料消耗情况

品种	年使用量	单位	单价	单位
电		度		元/度

品种	年使用量	单位	单价	单位
液化气		罐		元/罐
蜂窝煤		斤		元/斤
秸秆		斤		
薪柴		斤		

参考文献

[1] Song J B. Survey and analysis of crop residue resources and quality in Zhejiang Province, in Chinese [J]. Soil Fertil, 1995 (2): 23 – 24.

[2] Yang S J. Emphasizing the use of crop residue as energy source [J]. Rural Energy, in Chinese, 1994, 58: 18 – 19.

[3] Yan X, Ohara T, and Akimoto H. Bottom – up estimate of biomass burning in mainland China [J]. Atmospheric Environment, 2006, 40: 5262 – 5273.

[4] Jonathan M Harris. World agricultural futures: regional sustainability and ecological limits [J]. Ecological economics, 1996, 17: 95 – 115.

[5] Morgan K, Murdoch J, Organic V S. Conventional agriculture: knowledge, power and innovation in the food chain [J]. Geoforum, 2000, 31: 159 – 173.

[6] Barry C. Field, Martha K. Field. Environmental Economics: An Introduction (Fifth Edition) [M]. McGraw – Hill Education, 2009.

[7] Chen Y, Tessier S, Cavers C, Xu X Monero E. A survey of crop residue burning practices in Manitoba [J]. Appl Eng Agric, 2005, 21: 317 – 323.

[8] J. L. McCarty, C. O. Justice, S. Korontzi, Agricultural burning in the Southeastern United States detected by MODIS [J]. Remote Sensing of Environment, 2007, 108 (2): 151 – 162.

[9] Wrest Park History Contributors. chapter 5 Soil magement [J]. Biosystems Engineering. 2009, 103 (S1): 61 – 69.

[10] Yevich, R. Logan, J. An assessment of biofuel use and burning of agricultural waste in the developing world [J]. Global Biogeochem, 2003, 17 (4): 1095.

[11] John C. Tyndall, Emily J. Berg, Joe P. Colletti. Corn stover as a biofuel feedstock in Iowa's bio - economy: An Iowa farmer survey [J]. Biomass and bioenergy, 2011 (35): 1485 - 1495.

[12] Humberto Blanco, Canqui , R. Lal. Corn stover removal impacts on micro - scale soil physical properties [J]. Geoderma , 2008 (145): 335 - 346.

[13] R. L. Lemke, A. J. Vanden Bygaart et al. Crop residue removal and fertilizer N: Effects on soil organic carbon in a long - term crop rotation experiment on a Udic Boroll [J]. Agriculture, Ecosystems and Environment, 2010 (135): 42 - 51.

[14] Javier Calatrava, Juan Agustin Franco. Using pruning residues as mulch: Analysis of its adoption and process of diffusion in Southern Spain olive orchards [J]. Journal of Environmental Management, 2011 (92): 620 - 629.

[15] Douglas L. Karlen a, Stuart J. Birell, J. Richard Hess. A five - year assessment of corn stover harvest in central Iowa, USA [A]. Soil & Tillage Research , 2011: 47 - 55.

[16] John C. Tyndall, Emily J. Berg, Joe P. Colletti. Corn stover as a biofuel feedstock in Iowa's bio - economy: An Iowa farmer survey [J]. Biomass and bioenergy, 2011 (35): 1485 - 1495.

[17] Petrolia D R. The economics of harvesting and transporting corn stover for conversion to fuel ethanol: A case study for Minnesota [J]. Biomass Bioenergy, 2008, 32 (7): 603 - 612.

[18] Bishop R C, Heberlein T A. Measuring values of extra - market goods: are indirect methods biased [J]. American Journal of Agricultural Economics, 1981, 66 (3): 926 - 930.

[19] Hatje W, Ruhl M, Huttl R F, et al. Use of biomass for power and heat generation: possibilities and limits forests and energy [J]. Ecological Engineering, 2000, 16 (1): 41 –49.

[20] Cahly M, Piskorz J. The hydro gasification of wood [J]. Ind Eng chen Res, 1988, 27: 256 –264.

[21] Donovan C. T, Fehrs J E. Recent Utility Efforts to Develop Advanced Gasification Biomass Power Generation Facilities [C]. American Solar Energy Society Annual Conference. 1995, 1 –6.

[22] Barbucci P, Neri G. An IGCC Plant for Power Generation from Biomass. Biomass Energy. Enviroment [C]. Proceedings of 9th Europe Bioenergy Conf, 1996 (2): 1068 –1073.

[23] Yokoyama S, Suzuki A, Murakami M, et al. Liquid fuel production from sewage sludge by catalytic conversion using sodium carbonate fuel [J]. Energy Conversion and Management, 1997 (66): 1150 –1155.

[24] Rera, Caideron F, Corona L, et al. Case study: Corrosive feeding valued rice strawin growing finishing dietsfor calffed holstein steers: nc enzyme supplementation [J]. Professional Artinlal Scientist, 2005, 21 (5): 416 –419.

[25] Hatjew, Ruhlm. Use of biomass for power and heatgeneration: possibilities and limits [J]. Ecological Engineering, 2000, 16 (1): 41 –49.

[26] Cahly M, Piskorz J. The hydrogasifieation of wood [J]. Ind Eng Chen Res, 2002 (27): 256 –264.

[27] Smouse S M, Stoats G E, Rao S N, et al. Promotion of blomass eogeneration with power export in the Indian sugar industry [J]. Fuel Processing Technology, 2004 (54): 227 –229.

[28] Strawinto Gold the agriculture fiber – based panelboard industry [EB/OL]. http//www. fiberfutures. org/stave/mainpages/2001.

[29] Hamilton. L. C. Statistics with Stata [M]. Cengage Learning, 2009.

［30］Paul A. Samuelson. The Pure Theory of Public Expenditure ［J］. Review of Economics and Statistics, 1954 （36）: 387 – 398.

［31］James M. Buchanan. An Economic Theory of Clubs ［J］. Economics, 1965 （32）: 1 – 14.

［32］Edward C. Kienzle, Study Guide and Readings for Stiglitzs Economics and Public Sector ［M］. W W Norton & Company, 1989: 3.

［33］Rosenbaum P R, Rubin D B. The central role of the propensity score in observational studies for causal effects ［J］. Biometrica, 1983 （701）: 41 – 55.

［34］Macro G. A. Huigen. First principles of the Memeluke multi – actor modeling framework for land use change, illustrated with a Philippine case study ［J］. Journal of Environmental Management, 2004 （72）: 5 – 21.

［35］Ligtenberg Arend, Monica Wachowicz. A design and application of a multi – agent system for stimulation of multi – actor spatial planning ［J］. Journal of Environmental Management, 2004 （72）: 43 – 55.

［36］Rouchier. J. F, Bousquet. A multi – agent model for describing transhumance in North Cameroon: Conmparison of different rationality to develop a routine ［J］. Journal of Economic Dynamics and Control, 2001, 25: 527 – 529.

［37］Milner – Gulland. E. J. , Kerven. C. A. Multi – agent system model of pastoralist behavior in Kazakhstan ［J］. Ecological Complexity, 2006, 3: 23 – 26.

［38］Cameron, T. A. , James, M. D. Estimating willingness to pay from survey data: An alternative pre – test – market evaluation procedure ［J］. Journal of Marketing Research, 1987 （24）: 389 – 395.

［39］Anderson, E. W. , Customer Satisfaction and World of Mouth ［J］. Journal of Service Research, 1988, 1 （1）: 5 – 17.

［40］Krishna, A. Effect of Dealing Patterns on Consumer Perceptions of Deal Frequency and Willingness to Pay ［J］. Journal of Marketing Research, 1991

（28）：441 - 451.

［41］农业部新闻办公室.全国农作物秸秆资源调查与评价报告［J］.农业工程技术（新能源产业），2011（2）.

［42］牛若峰，刘天福.农业技术经济手册（修订本）［M］.北京：农业出版社，1984：280 - 282，1073 - 1075.

［43］姜树，合肥市秸秆综合利用的问题研究［D］.合肥工业大学硕士学位论文，2009.

［44］戚长积，关于计算秸秆资源量的一点浅见［J］.饲料研究，1993.6.

［45］王秋华，我国农村作物秸秆资源化调查研究［J］.农村生态环境（学报），1994，10（4）：67 - 71.

［46］梁业森，刘以连，周旭英等.非常规饲料资源的开发与利用［M］.北京：中国农业出版社，1996.

［47］张福春，朱志辉.中国作物的收获指数［J］.中国农业科学，1990，23（2）：83 - 87.

［48］毕于运，高春雨，王亚静，李宝玉.中国秸秆资源数量估算［J］.农业工程学报，2009，25（12）：211 - 217.

［49］李京京，任东明，庄幸.可再生能源资源的系统评价方法及实例［J］.自然资源学报，2001，7（4）：373 - 380.

［50］钟华平，岳燕珍，樊江文.中国作物秸秆资源及其利用［J］.资源科学，2003，25（4）：62 - 67.

［51］刘刚，沈镭.中国生物质能源的定量评价及其地理分布［J］.自然资源学报，2007，22（1）：9 - 19.

［52］李阳.基于观测的污染气体区域排放特征研究［D］.中国气象科学研究硕士学位论文，2011.

［53］苏继峰.秸秆焚烧对南京及周边地区空气质量的影响［D］.南京信息工程大学硕士学位论文，2011.

［54］刘天学. 焚烧秸秆对土壤有机质和微生物的影响研究［J］. 土壤，35（4）：347 - 348.

［55］刘天学. 秸秆焚烧土壤提取液对大豆种子萌发和幼苗生长的影响［J］. 大豆科学，24（1）：67 - 70.

［56］谢爱华. 秸秆焚烧对农田土壤动物群落结构的影响［M］. 山东师范大学硕士学位论文，2005.

［57］高祥照，马文奇，马常宝等. 中国农作物秸秆资源利用现状分析［J］. 华中农业大学学报，2002，21（3）：242 - 247.

［58］王书肖，张楚莹. 中国秸秆露天焚烧大气污染物排放时空分布［J］. 中国科技在线，2008，3（5）：329 - 333.

［59］罗岚. 秸秆资源循环利用效益研究［J］. 四川师范大学学报（自然科学版），2011，11（34）：911 - 914.

［60］毕于运，寇建平，王道龙等. 中国秸秆资源综合利用技术［M］. 北京：中国农业科学技术出版社，2008.

［61］李书民，杨邦杰. 论以畜牧业为核心的农业循环经济［J］. 中国发展，2005，（2）：56 - 58.

［62］李建政. 秸秆还田农户意愿与机械作业收益实证研究［D］. 中国农业科学院硕士学位论文，2011.

［63］魏延举，程乐圃等. 秸秆还田的经济效益分析及其措施［J］. 农机化研究，1990，6（2）：48 - 52.

［64］钟杭，朱海平，黄锦法. 稻麦等秸秆全量还田对作物产量和土壤的影响［J］. 浙江农业学报，2002，14（6）：344 - 347.

［65］强学彩. 秸秆还田量的农田生态效应研究［D］. 中国农业大学硕士学位论文，2003.

［66］孙伟红. 长期秸秆还田改土培肥综合效应的研究［D］. 山东农业大学硕士学位论文，2004.

［67］李玲玲，黄高宝，Kwong Yin CHAN，2005. 不同保护性耕作措施对

旱作农田土壤水分的影响 [J]. 生态学报, 25 (9): 2327 - 2332.

[68] 董玉良, 劳秀荣等, 麦玉轮作体系中秸秆钾对土壤钾库平衡的影响 [J]. 西北农业学报, 2005, 14 (3): 173 - 176.

[69] 吴菲. 玉米秸秆连续多年还田对土壤理化性状和作物生长的影响 [D]. 中国农业大学硕士学位论文, 2005.

[70] 李凤博. 不同耕作方式下秸秆还田对直播田生态环境的影响 [D]. 南京农业大学硕士学位论文, 2008.

[71] 胡星. 秸秆全量还田与有机无机肥配施对水稻产量形成的影响 [D]. 扬州大学硕士学位论文, 2008.

[72] 李丽清, 秦英. 早稻秸秆不同还田方式对产量的影响 [J]. 农家之友, 2009 (16).

[73] 罗珠珠, 黄高宝等. 保护性耕作对旱作农田耕层土壤肥力及酶活性的影响 [J]. 植物营养与肥料学报, 2009, 15 (5): 1085 - 1092.

[74] 吕美蓉, 李增嘉等. 少免耕与秸秆还田对极端土壤水分及冬小麦产量的影响 [J]. 农业工程学报, 2010, 26 (1): 41 - 44.

[75] 王珍. 秸秆不同还田方式对土壤水分特性及土壤结构的影响 [D]. 西北农林科技大学硕士学位论文, 2010.

[76] 汤浪涛. 秸秆还田对植烟土壤肥力及烟草生长、质量的影响 [D]. 湖南农业大学硕士学位论文, 2010.

[77] 路文涛. 秸秆还田对宁南旱作农田土壤理化性状及作物产量的影响 [D]. 西北农林科技大学硕士学位论文, 2011.

[78] 王海霞. 不同秸秆覆盖模式对渭北旱塬冬小麦产量及土壤环境的影响 [D]. 西北农林科技大学硕士学位论文, 2011.

[79] 金洪奎. 秸秆气化技术及设备研究 [D]. 河北农业大学硕士学位论文, 2009.

[80] 张萍. 农村户用沼气池建设的能源、经济、环境效益研究 [D]. 南京农业大学硕士学位论文, 2007.

［81］白宏明. 秸秆发电的发展潜力研究［D］. 华北电力大学硕士学位论文，2010.

［82］张培远. 国内外秸秆发电的比较研究［D］. 河南农业大学硕士学位论文，2007.

［83］张燕. 我国农作物秸秆板产业化发展的动因［D］. 南京林业大学博士学位论文，2010.

［84］刘罡，邢爱华等. 生物质利用优化生产规模分析［J］. 清华大学学报（自然科学版），2008，48（9）：114－118.

［85］曹林奎，顾桂芬，韩纯儒. 作物秸秆及其他废弃物栽培食用菌的农业生态效益研究［J］. 生态学杂志，1992，11（3）：13－16.

［86］史青山，杨国俊，诸化斌. 发展食用菌产业推动秸秆循环利用［J］. 上海农业科技，2004（5）：17－18.

［87］张晓文，赵改宾，杨仁全，王影. 农作物秸秆在循环经济中的综合利用［J］. 农业工程学报，2006，22（增刊1）：107－109.

［88］孟庆福，黄明智，董德军. 综合利用秸秆资源发展农村循环经济［J］. 农业牧区机械化，2007（3）：26－27.

［89］韩芹芹，姜逢清，杨跃辉. 我国发展循环经济的战略重点之一在农业［J］. 生态经济，2008，（2）：62－65.

［90］黄国勤. 江南丘陵区农田循环生产技术研究——江西农田作物秸秆还田技术与效果［J］. 耕作与栽培，2008（3）：1－3.

［91］冀永杰，国淑梅，牛贞福. 秸秆育菇与农业循环经济［J］. 山东省农业管理干部学院学报，2009，23（1）：56－57.

［92］程少武，黄志斌. 淮南地区农作物秸秆循环利用模式［J］. 安徽农业科学，2008，36（5）：2008－2009，2020.

［93］林昌虎，林绍霞，何腾兵，唐志坚，张清海. 以秸秆综合利用为纽带的农业循环经济发展模式［J］. 贵州农业科学，2008，36（5）：162－165.

［94］翁伯琦，雷锦桂等. 东南地区农田秸秆菌业循环利用技术体系构建

与应用前景 [J]. 农业系统科学与综合研究, 2009a, 25 (2): 229 – 233.

[95] 翁伯琦, 廖建华等. 发展农田秸秆菌业的技术集成与资源循环利用管理对策 [J]. 中国生态农业学报, 2009b, 17 (5): 1007 – 1011.

[96] 翁伯琦, 雷锦桂等. 东南地区农田秸秆菌业现状分析及研究进展 [J]. 中国农业科技导报, 2008, 10 (5): 24 – 30.

[97] 翁伯琦, 雷锦桂等. 秸秆菌业循环利用模式与低碳农业的发展对策 [J]. 福建农林大学学报: 哲学社会科学版, 2010, 13 (1): 1 – 6.

[98] 唐萍. 秸秆综合利用方案评价 [D]. 合肥工业大学硕士学位论文, 2010.

[99] 高翔. 秸秆人造板项目的社会效益评价 [D]. 上海交通大学工程硕士学位论文, 2010.

[100] 封莉, 刘俊峰. 秸秆生物质资源利用途径及相应技术 [J]. 农机化研究, 2004 (6): 193 – 194.

[101] 刘建胜. 我国秸秆资源分布及利用现状的分析 [D]. 中国农业大学硕士学位论文, 2005.

[102] 马振英, 王英, 王健. 秸秆处理技术的发展与启示 [J]. 中国资源综合利用, 2007 (7): 33 – 37.

[103] 刘丽香, 吴承祯, 洪伟等. 农作物秸秆综合利用的进展 [J]. 亚热带农业研究, 2006 (2): 31 – 33.

[104] 崔小爱. 秸秆发电的现状和展望 [J]. 污染防治技术, 2007 (6): 61 – 63.

[105] 刘玲, 刘长江. 长江农作物秸秆的利用现状及发展前景 [J]. 农业科技与装备, 2008 (2): 123 – 124.

[106] 李振宇, 黄少安. 制度失灵与技术创新——农民焚烧秸秆的经济学分析 [J]. 中国农村观察, 2002 (5): 11 – 16.

[107] 马骥. 我国农户秸秆就地焚烧的原因: 成本收益比较与约束条件分析——以河南省开封县杜良乡为例 [J]. 农业技术经济, 2009 (2):

77 - 84.

　　[108] 张琳, 尹少华. 焚烧秸秆——外部性及政府管制分析 [J]. 华商, 2007 (Z2): 1 - 3.

　　[109] 梅付春. 秸秆焚烧污染问题的成本—效益分析——以河南省信阳市为例 [J]. 环境科学与管理, 2008, 33 (1): 30 - 37.

　　[110] 赵永清, 唐步龙. 农户农作物秸秆处置利用的方式选择及影响因素研究——基于苏、皖两省实证 [J]. 生态经济, 2007 (10): 244 - 246, 264.

　　[111] 朱启荣. 城郊农户处理农作物秸秆方式的意愿研究——基于济南市调查数据的实证分析 [J]. 农业经济问题, 2008, 5: 103 - 109.

　　[112] 芮雯奕, 周博, 张卫建. 江苏省农户秸秆还田的影响因素分析 [J]. 生态环境学报, 2009, 18 (5): 1971 - 1975.

　　[113] 焦小丽. 秸秆饲料加工利用技术综述 [J]. 农村新技术, 2008 (18).

　　[114] 曹建军. 秸秆还田机械化技术及推广应用前景 (下) [J]. 中国农机化技术推广, 1998 (4): 31 - 33.

　　[115] 石蕾, 柯耀胜, 钱生越. 南京市秸秆还田及综合利用现状及对策 [J]. 江苏农机化, 2010 (3): 38 - 40.

　　[116] 冯国明. 秸秆还田的利弊分析 [J]. 河北农机, 2009 (5): 24.

　　[117] 刘巽浩, 高旺盛, 朱文珊. 秸秆还田的机理与技术模式 [M]. 北京: 中国农业出版社, 2001.

　　[118] 刘巽浩, 王爱玲, 高旺盛. 实行作物秸秆还田促进农业可持续发展 [J]. 作物杂志, 1998 (5): 1 - 5.

　　[119] 马洪儒, 张运真. 生物质秸秆发电技术研究进展与分析 [J]. 水利电力机械, 2006, 12 (12): 9 - 13.

　　[120] 张忠潮, 王曼, 孟蕊. 秸秆发电的问题与对策 [J]. 生态经济 (学术版), 2008 (2): 10 - 16.

［121］张卫杰，关海滨，姜建国等．我国秸秆发电技术的应用及前景［J］．农机化研究，2009，（6）．

［122］蒋高明，庄会永．生物质直燃发电：未来能源发展新趋势［J］．发明与创新（综合版），2009（2）：37．

［123］王铁琳．农作物秸秆利用技术与设备［M］．中国农业出版社，1996：56－58．

［124］徐瑞英，刘锋，马秀国．人力发展秸秆综合利用技术促进农业增效、农民增收［J］．农业知识，2008（26）．

［125］付丽丽．在秸秆综合利用高层会议上专家疾呼秸秆利用要采取不同模式［J］．农村实用科技信息，2008（8）．

［126］孙万军，张艳菊，刘志刚．加快秸秆综合利用步伐促进农业可持续发展［J］．河北农机，2004（2）．

［127］谭静，郭甫宗．农业生物资源利用存在的问题与对策［J］．现代农业科技，2008（12）．

［128］潘涌璋．农民焚烧秸秆的经济学分析［J］．经济论坛，2005（10）：103－105．

［129］李冰，侯纲，常亚芳等．浅议秸秆的综合利用［J］．环境卫生工程，2004，12（4）：235－237．

［130］张凤英，张英珊．我国秸秆资源的利用现状及其综合利用前景［J］．西部资源，2007（1）：25－26．

［131］陈新锋．治理焚烧秸秆污染与科技创新［J］．农村经济，2002（2）：10－11．

［132］赵学平，陆迁．控制农户焚烧秸秆的激励机制探析［J］．华中农业大学学报（社会科学版），2006（5）：69－72．

［133］焦扬，敖长林．CVM方法在生态环境价值评估应用中的研究进展［J］．东北农业大学学报，2008，39（5）：131－136．

［134］赵军，杨凯，刘兰岚等．环境与生态系统服务价值的WTA／WTP

不对称 [J]. 环境科学学报, 2007, 27 (5): 854 - 860.

[135] 陈玉萍, 吴海涛. 农业技术扩散与农户经济行为 [M]. 湖北人民出版社, 2010.

[136] 李振基, 陈小麟, 郑海雷. 生态学 [M]. 北京: 科学出版社, 2004.

[137] 咪凯. 循环经济理论的思考 [J]. 世界环境, 2003 (1): 39 - 48.

[138] 尹昌斌, 周颖. 循环农业发展理论与模式 [M]. 中国农业出版社, 2008.

[139] 董礼胜. 中国公共物品供给 [M]. 中国社会出版社, 2007.

[140] 周自强. 准公共物品供给理论与分析 [M]. 南开大学出版社, 2011.

[141] 弗兰克·艾利思, 胡景北译. 农民经济学、农民家庭农业和农业发展 [M]. 上海人民出版社, 2006.

[142] 胡豹. 农业结构调整中农户决策行为研究——基于浙江、江苏两省的实证 [D]. 浙江大学博士论文, 2004.

[143] 胡代光, 周安军. 当代西方经济学者论市场经济 [M]. 商务印书馆, 1996: 18 - 19.

[144] 埃莉诺·奥斯特罗姆著; 余逊达, 陈旭东译. 公共事务的治理之道 [M]. 上海: 上海三联书店, 2000.

[145] 马林靖. 中国农村水利灌溉设施投资的绩效分析——以农民亩均收入的影响为例 [J]. 中国农村经济, 2008 (4).

[146] 徐晋涛, 陶然, 徐志刚. 成本有效性、结构调整效应与经济可持续性——基于西部三省农户调查的实证分析 [J]. 经济学季刊, 2004 (4).

[147] 周黎安, 陈烨. 中国农村税费改革的政策效果: 基于双重差分模型的估计 [J]. 经济研究, 2005 (8).

[148] 孙海兵. 农户对耕地外部效益支付意愿的实证分析 [J]. 中国农

业资源与区划，2010（31）：7–11.

[149] 靳乐山，郭建卿．农村居民对环境保护的认知程度及支付意愿研究——以纳板河自然保护区居民为例［J］．资源科学，2011（33）：50–55.

[150] 郭桂霞，董保民．支付意愿与公共物品供给的模仿行为——吉林省污水处理项目的居民支付意愿实证研究［J］．辽宁大学学报（哲学社会科学版），2011，39（3）.

[151] 王怀民，尼楚君，徐锐钊．消费者对食品质量安全标识支付意愿实证研究——以南京市猪肉消费为例［J］．南京农业大学学报（社会科学版），2011，11（1）.

[152] 洪春来，魏幼璋，黄锦法等．秸秆全量直接还田对土壤肥力及农田生态环境的影响研究［J］．浙江大学学报（自然科学版），2003，29（6）：627–633.

[153] 吴登，黄世乃，李明灌等．稻草还田免耕抛秧的增产效果及节水效应［J］．杂交水稻，2006，21（S1）：109–112.

[154] 李孝勇，武际，朱宏斌等．秸秆还田对作物产量及土壤养分的影响［J］．安徽农业科学，2003，31（5）：870–871.